镍钴基超级电容器材料

于占军 著

北 京
冶 金 工 业 出 版 社
2025

内 容 提 要

本书主要内容包括绪论，实验方法及原理，Co_3O_4 电极材料的电化学性能分析，α-$Ni(OH)_2$、β-$Ni(OH)_2$、NiO 电极材料的电化学性能分析，$Co_3O_4/Ni(OH)_2$、CNT/$Ni(OH)_2$ 及介孔碳 /$Ni(OH)_2$ 复合电极材料分析，$Co(OH)_2$ 薄膜电极材料分析。

本书可供储能行业及功能微纳米材料研发领域的科研人员和工程技术人员阅读，也可供高等院校材料等相关专业的师生参考。

图书在版编目（CIP）数据

镍钴基超级电容器材料 / 于占军著 . -- 北京 : 冶金工业出版社，2025. 3. -- ISBN 978-7-5240-0129-4

Ⅰ. TM53

中国国家版本馆 CIP 数据核字第 2025TD3783 号

镍钴基超级电容器材料

出版发行 冶金工业出版社　**电　话** (010)64027926
地　址 北京市东城区嵩祝院北巷 39 号　**邮　编** 100009
网　址 www. mip1953. com　**电子信箱** service@ mip1953. com

责任编辑 刘林烨　美术编辑 吕欣童　版式设计 郑小利
责任校对 梅雨晴　责任印制 禹　蕊
唐山玺诚印务有限公司印刷
2025 年 3 月第 1 版，2025 年 3 月第 1 次印刷
710mm×1000mm 1/16；10. 25 印张；200 千字；155 页
定价 90. 00 元

投稿电话 (010)64027932 投稿信箱 tougao@ cnmip. com. cn
营销中心电话 (010)64044283
冶金工业出版社天猫旗舰店 yjgycbs. tmall. com
（本书如有印装质量问题，本社营销中心负责退换）

前　　言

超级电容器是一种新兴的存储电能的设备，有时也被称为短型蓄电池，具有功率密度高、可快速充放电、循环寿命长、适用温度范围宽和安全等优点。超级电容器可以用来保存能源，然后在需要时快速释放能量，从而改变能源储存和使用方式。超级电容器在多种应用场景中得到了广泛应用，尤其是在新能源汽车、电动工具、消费电子、医疗仪器、无线电台、音乐装置、安防设备、航空航天、比赛系统、维护系统等行业。超级电容器技术的发展核心是高质量电极材料。

本书围绕如何实现高性能多层次纳米结构超级电容器，在综述前人研究的基础上，系统介绍了作者提升多层次纳米结构超级电容器储能性能的最新分析和研究成果。本书开篇从我国能源的可持续发展问题引出超级电容器的研究背景，分门别类地综述了超级电容器的结构、分类、原理、特点及应用。剖析了双电层电容器、赝电容器和混合型电容器的工作原理、电极结构及储能特性；并详细介绍了三种超级电容器所用电极材料，阐明了电极材料的目前研究现状，制约超级电容器储能性能的问题，如电极内部电子/离子的长距离传输困难、纳米活性物质易于团聚导致利用率较低等，并提出相应解决思路。本书详述了如何通过简单的水热法构筑多层次纳米结构的 Co_3O_4、α-Ni(OH)$_2$、β-Ni(OH)$_2$、NiO、Co_3O_4/Ni(OH)$_2$、CNT/Ni(OH)$_2$、介孔碳 /Ni(OH)$_2$ 等电极材料，并均实现了优异的综合电化学性能，为设计多层次纳米结构的高性能超级电容器提供思路和参考。

超级电容器是电化学储能领域的研究热点，也是人类科技发展的前沿方向之一。本书在力求学术表达专业、严谨的基础上，注重语言的通俗易懂和内容的生动有趣。

本书在撰写过程中，参考了有关文献资料，在此向文献资料的作者表示感谢。

由于作者水平所限，书中不妥之处，敬请广大读者批评指正。

作　者

2024 年 9 月 11 日

目　　录

0 绪　　论

0.1 引　　言

能源是人类社会进步和经济发展的重要物质基础，也是国家进行现代化建设和提高人民生活水平的重要条件。随着人类社会的不断进步与发展，资源和能源日渐短缺，生态环境日益恶化，开发新能源和可再生洁净能源是当今世界经济中最具决定性影响的技术之一。资源与能源的充分利用和环境的最小负荷是人类必须向地球履行的承诺，20 世纪以来，我国科技与工业的快速发展引起能源消耗的大幅度上升，以化工石油燃料为主体的能源结构已不能长期满足对未来社会的各种需求。因此，发展新能源及新材料来适应未来社会对经济、高效、清洁、安全型新能源体系的要求是 21 世纪必须解决的关键技术之一。许多新能源形态，如太阳能、地热、风能、核能、生物质能、潮汐能、海洋能、化学能等一次能源及二次能源中的氢能，它们在转变为电能后才能更好、更方便地被人们利用[1]。新能源材料是指实现新能源的有效转化利用及发展新能源技术中用到的重要材料，是发展新能源的核心和基础。新能源材料的发展：一方面是新能源技术本身的发展；另一方面也是由这些能源能及技术够更有效的解决资源与环境问题而受到推动与支持。

新能源中的化学电源是将化学能直接转换成电能的装置，它在国民经济、科学技术和日常生活中得到了广泛的应用。随着汽车、军事、计算机及其相关产品的普及，高性能和高功率密度的储能设备成为迫切的需要。以碱锰、银锌、锂电等为代表的一次性电池，以镍镉、镍氢、铅酸、锂离子、聚合物锂电池等为代表的二次性电池作为其主要供能系统的提供者。这些电池的共同特点是能量密度相对较大，能满足不同场合的应用要求。然而，它们也存在致命的弱点：充电时间较长，功率密度相对较低。为了解决上述电源出现的缺点，出现了新的储能装置——电化学储能超级电容器[2-4]。

超级电容器又称电化学电容器，它兼有物理电容器和电池的共同特性，是一种新型的储能能源器件[5-6]。超级电容器既像普通电容器一样有很高的放电功率，又像电池一样具有大的电荷储存能力，这使得这两种元件间找到了最佳的结合点[7-8]。这种电容器已在工业上实现产业化和实际应用，被广泛应用于声频-视频设备、电话机、传真机及计算机等相关的通信设备和家用电器中。另外，超级电容器也可以用来满足汽车在爬坡时的启动、加速高功率要求，可以保护蓄电池系统的安全性[9-12]。为减小大电流充放电对电池的伤害，延长电池的使用寿命，同时较好地通过再生制动系统将瞬间能量回收于超级电容器中，提高能量利用率，可以将超级电容器与动力电池配合使用，充当大电流或能量的缓冲区域。另外，超级电容器也可用于其他系统中，如作为移动通信和计算机的电力支持，燃料电池的启动动力等[13-15]。随着社会的发展，能源危机和环境保护成为人类可持续发展的战略核心，对于能源储存与转换器件的要求越来越高，使得电容器的发展提升到了一个新的高度。电化学电容器的出现，正是顺应时代的发展要求[16-17]。

0.2　超级电容器的结构、原理与分类

0.2.1　超级电容器结构

超级电容器主要由活性材料电极、集电极、隔离膜、电解液等部分组成，其结构如图 0-1 所示。集电极的作用是降低电极的内阻，要求与电极的接触面积比较大、接触电阻相对较小、防腐蚀性较强、在电解质中性能相对稳定且不能和电解液发生化学反应而破坏集流体。集电极材料的选择是根据测试中电解质种类而定的。通常情况下，酸性电解质用钛材料，碱性电解质用镍材料，有机电解质用铝材料。隔膜的作用是防止两个电极直接物理接触且允许电解液和反应离子的通过，一般为纤维结构绝缘材料（如聚丙烯膜），要求具有高的离子电导、超薄、高孔隙率、高强度和低的电子电导。电极的制备技术、电解质组成和隔离膜质量对超级电容器的性能具有非常重要的影响，电解质的分解电压决定超级电容器的工作电压，以水溶液为电解液的电容器工作电压是 1 V 左右，而有机电解液的可达 3 V 左右。

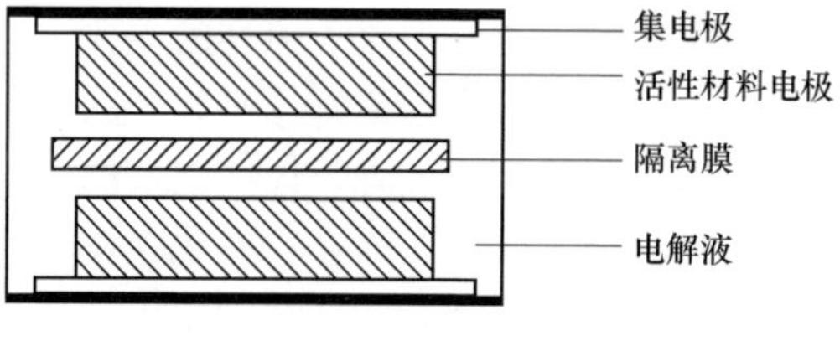

图 0-1　超级电容器的基本结构

0.2.2　超级电容器分类及原理

电化学电容器作为能量的储存装置，其存储能量的多少表现为电容的大小。超级电容器充放电时产生的电容包括：在电极/电解液界面处通过电子、离子或

偶极子的定向排列所产生的双电层电容；在电极表面或体相中二维或准二维空间内，电极活性物质产生与欠电位有关的法拉第准电容或称法拉第赝电容[18-19]。依据电容产生的机理种类，电化学电容器可以分为双电层电容器、赝电容器和混合型电容器。下面以电容产生机理的分类加以具体说明。

0.2.2.1 双电层电容器

双电层结构的第一个模型是由亥姆赫兹（Vol Helmholtz）于 1887 年提出，后经伊查普曼斯特恩（Group Chapman Stern）、格雷厄姆（Grahame）、博克里斯（Bockris）等人的不断完善才形成现在较完善的双电层理论[20-22]。双电层[23-25]是指电化学溶液中性质不同的两相之间界面处所产生的正电荷与负电荷对峙分布层。电极与电解液接触时，为达到系统的电化学平衡，电荷在电极和电解质的界面之间自发进行分配形成双电层，充电时在电极/电解液界面产生电子、离子或偶极子的定向排布，形成双电层电容并达到保存能量的目的，其过程如图 0-2 所示。双电层电容器电极活性材料主要有高比表面积的活性炭、纳米碳材料及活性炭纤维等[26-28]。

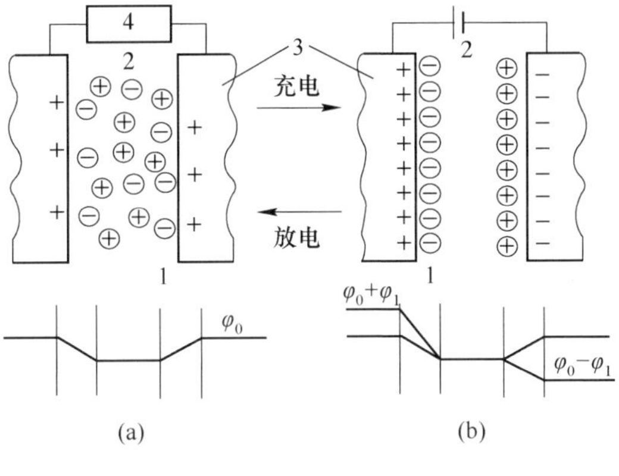

图 0-2 双电层电容充放电示意图

（a）无外加电源时电位；（b）有外加电源时电位

1—双电层；2—电解液；3—电极；4—负载

严格地说，界面双电层是由吸附双电层、离子双电层和偶极双电层的协同作用结果，但是实际上电极/电解液的电极电位主要来源于离子的双电层。电极/溶液界面形成双电层的必须具备条件为：

（1）电极中存在可以自由移动的电子，溶液中有参加构成双电层的各种离子；

（2）形成双电层电极最好是在一定电压范围内，无论外加电源给它施加多大电势，均无电荷通过电极/电解液界面而传递的理想极化电极，而不引起任何电化学反应。

一个双电层电容器单元由两个电极构成，中间夹以隔膜且充满电解液，相当于两个双电层电容的串联[29]。

双电层电容器的工作过程可用下面的电化学过程来表示：

正极 $$Es + A^- \longrightarrow Es^+ // A^- + e^- \tag{0-1}$$

负极 $$Es + C^+ + e^- \longrightarrow C^+ // Es^- \tag{0-2}$$

总反应 $$Es + Es + C^+ A^- \longrightarrow Es^+ // A^- + C^+ // Es^- \tag{0-3}$$

式中，Es 代表电极表面，C^+、A^-分别为电解液的正、负离子，//表示积累电荷的双电层。

从式（0-1）和式（0-2）中可以看出，在充电时电子通过外加电源从正极转移到负极，并且正负离子从溶液体相中分离并分别移动到电极表面，能量以电荷的形式存储在电极材料与电解液的界面之间；当充电完成外加电源撤销后，电极上所带电荷和溶液中相反电性离子之间的由于静电引力，离子不会迁移回溶液本体，使得双电层稳定，正负极间的电压能够得以保持。放电时，外加电路将正负电极连通，电子通过负载从负极流到正极，正负离子则从电极表面被释放并进入体相中。因此，整个电荷的存储/释放过程并没有发生化学反应，基本上是一个电荷的物理迁移过程。从总反应式（0-3）可以看出，电解液中的盐（正离子 C^+、负离子 A^-）在充电时被消耗，因此电解质也可以被认为是一种活性物质。

电容器中储存的能量 E 可以表示为[30]：

$$E = \frac{1}{2}QV = \frac{1}{2}CV^2 \tag{0-4}$$

由式（0-4）可以看出，为使双电层电容器能有效地存储更多的电荷，获得容量较大的双电层电容，电极需要拥有尽量大的比表面积且电解液中的离子尽可能与其浸渍。正因为如此，目前双电层电容器的研究工作主要集中在制备具有较高的比表面积、合理的孔径分布和较小内阻的多孔炭材料，以及对炭材料的改性研究上。

0.2.2.2 赝电容器

赝电容是由电极表面上或者体相中的二维或准二维空间上产生活性材料的欠电位沉积，形成高度可逆的化学吸附/脱附（或氧化/还原反应）产生与电极充电电位有关的电容，又称法拉第准电容。基于金属氧化物的电容器充放电机理的一般过程可以描述为：电解液中的离子（H^+或 OH^-）在外加电场的作用下由溶液中向电极/溶液界面扩散，并通过界面的电化学反应而进入电极表面活性氧化物的体相中，如图 0-3 所示。其充放电反应过程为：

酸性条件 $$MO_x + H^+ + e^- \rightleftharpoons MO_{x-1}(OH) \tag{0-5}$$

碱性条件 $$MO_x + OH^- - e^- \rightleftharpoons MO_x(OH) \tag{0-6}$$

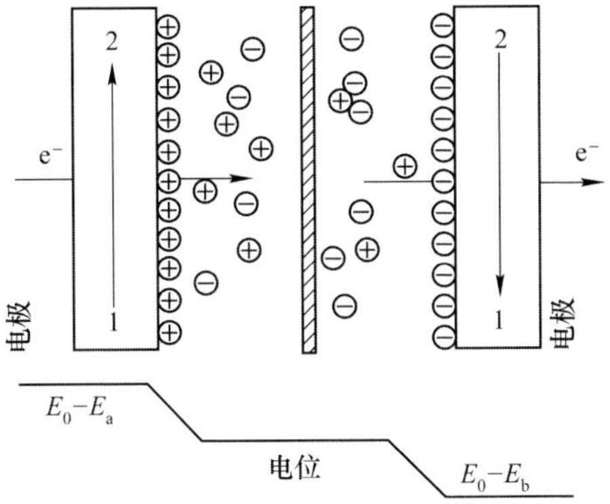

图 0-3　法拉第准电容充电状态电位分布图

E_0-E_a—充电状态正极电位；E_0-E_b—充电状态负极电位

（1→2，2→1：内容电子移动方向）

采用具有较大比表面积的氧化物电极材料，就会有相当多的这样的电化学反应发生，电极中就会存储大量的电荷。根据式（0-5）和式（0-6）的准可逆反应，放电时进入氧化物中的离子又会重新回到电解液中，所存储的电荷也会通过外电路释放出来，这就是法拉第准电容的充放电机理[31-32]。

法拉第电容器与双电层电容器的区别是：双电层电容器在充放电过程中双电层需消耗电解液，而法拉第电容器基本保持电解液浓度的稳定。法拉第准电容器不仅在电极表面产生，还可在整个电极的三维空间内部产生，其最大充放电性能由电荷转移速度和电活性物质表面的离子取向控制，因此可在较短时间内进行电荷转移，从而获得比双电层电容高的电容量和比功率。在相同电极面积的情况下，法拉第准电容器可以是双电层的 10~100 倍[33]。它与蓄电池或原电池发生的电极反应相比，具有以下特点：

（1）两电极电位与施加或释放的电荷几乎呈线性关系；

（2）若该系统电压随时间呈线性变化，则产生恒定或几乎恒定的电流。

该电极是通过法拉第反应存储和释放能量，并且具有电容性特征，因为称这种电极材料制备的电容器为法拉第准电容器[34]。

0.2.2.3　混合型电容器

混合电容器[35]是利用两种不同的电极材料作正负极所产生的电容的电容器，是由半个形成双电层电容、半个导电聚合物或其他无机化合物的表面反应或电极嵌入法拉第反应电极等构成的混合电容器。其行为与蓄电池有相似之处，但具有电容器的特点。混合电容器常以能产生法拉第准电容的金属氧化物、氢氧化物［如 MnO_2、RuO_2、NiO、PbO_2、$Ni(OH)_2$ 等］作正极，用能产生双电层电容的碳材料或金属的碳化物和氮化物作负极。其能量密度比双电层电容有明显的提高，但其充放电却具有明显非线性。另外，混合电容器可以用两种不同的金属氧化物、金属氢氧化物及导电聚合物等电极材料组成。

0.3 超级电容器的特点

超级电容器是近几年发展起来的一种新型储能装置，其是利用电极/电解质界面上的双电层，或在电极界面上发生快速、可逆氧化还原反应来储存能量的能量转换器件。它具有高于传统电容器的比能量，也有高于电池的比功率和循环寿命。其比容量可达传统电容器的 100 倍以上，同时它的功率密度也比电池高 10 倍以上。因此超级电容器不是普通意义上的电路元件，而是一种新型的环保储能器件。1957 年，第一篇关于超级电容器的专利发表，这使得在世界范围内超级电容器的研究成为热点[36-38]。从此，超级电容器逐渐从实验室走出，进入到各种应用领域。与其他化学电源相比，超级电容器具有以下优点[39]。

（1）高的功率密度。超级电容器可作为功率辅助器，供给大电流；超级电容器的功率密度是电池的 10~100 倍；可在短时间内放出较大的电流；其可以满足高脉冲环境，短时间且高功率输出的场合应用，另外其漏电流极小，具有电压记忆功能，且电压保持时间较长。

（2）充电速度快。超级电容器充是电极物质表面的快速、可逆的电化学过程（或双电层充放电的物理过程），可以采用大电流充电，能在几十秒到数分钟内完成充电过程，是真正意义上的快速充电。而蓄电池则需要数小时完成充电，即使采用快速充电也需几十分钟。超级电容器可以更好地满足电动汽车启动、爬坡对充放电速度的要求。

（3）使用寿命长。充电电池在反复充放电时，活性物质会发生晶型转变、脱落、枝晶体穿过隔膜等引起最终不能再充电的现象，即存在寿命问题。超级电容器在充放时产生离子的吸脱附，发生的电化学反应具有很好的可逆性，具有超长的使用寿命，碳基电容器充放电次数原理上没有限制，实际可达 10^5 次以上。另外，对过充放电有一定的承受能力，在短时间过压不会对装置产生较严重影响，可稳定地反复充放电。

（4）低温性能优越。超级电容器在充放电过程中的电荷转移大部分在电极活性物质表面进行，其比容量随温度的变化衰减较小，而电池在低温下的容量衰减可高达 70%。超级电容器使用温度范围为-40~+70 ℃，与其他储能元件相比，其低温性能要好很多[40]。

（5）可靠性高。超级电容器在工作过程中无须运动部件，维护工作较少，因此超级电容器可靠性非常高。表 0-1 是超级电容器与传统电容器和电池的性能比较，从表中可以看出超级电容器的独特特点[41]。

（6）放置时间长。超级电容器具有较长的循环寿命，超过一定时间会自动放电到低电压，但其电容量仍能保持，且能充电到原来的状态，即使几年不用仍能保持原来的性能。

表 0-1 超级电容器与传统电容器和电池的性能比较

性　能	传统电容器	超级电容器	电　池
放电时间	10^{-6}~10^{-3}s	1~30 s	0.3~3 h
充电时间	10^{-6}~10^{-3}s	1~30 s	1~5 h
能量密度/($W \cdot h \cdot kg^{-1}$)	<0.1	1~10	20~180
功率密度/($W \cdot kg^{-1}$)	>10000	1000~2000	50~300
循环效率/%	>0.9	0.90~0.95	0.7~0.85
循环寿命/次	∝	$>10^5$	500~2000

超级电容器的上述特点使它在短时间大功率放电场合有着无可替代的作用，填补了传统电容器与电池这两类储能器件的空白。

0.4 超级电容器的应用

由于超级电容器的独特的特点，其在实际生活中的应用自然受到人们的重视。超级电容器已在很多领域得到成功的应用，并且应用范围还在不断地扩大。俄罗斯采用超级电容器作为动力的纯电动车，该电动车可作为短距离固定行驶路线上的公共交通车。在我国，解放军防化研究院、清华大学、北京大学等许多研究单位都对超级电容器中应用的各种碳材料、金属氧化物、氢氧化物材料等电极材料进行了深入研究[42]；上海、锦州、大庆等地已经建成了超级电容器生产条件[43]。上海已经用自主开发的 C/NiO 混合电容器作动力，成功演示了一条短距离纯电动车公交线路。

超级电容器作为一种储能装置虽然还处于初始阶段，但由于其显示了广泛的应用前景，受到世界各国的高度重视，由此推动超级电容器技术领域的持续进步和扩展应用。随着技术水平的提高和人们环保意识的增强，超级电容器以其高的功率密度、大容量、充放电性能好、大电流的电化学性能、使用寿命长，以及环保等特点，在通信、电子、航空航天以及国防等领域得到广泛的应用，其市场前景非常广阔。

0.4.1 在电源领域的应用

目前，超级电容器应用较广的是在电子领域，根据放电时间、放电量、工作电压以及电容量大小，主要用作替换、主电源和后备三类[44]。

0.4.1.1　作替换电源

电化学电容器具有循环效率高、寿命长、充放电次数多、使用温度范围宽，以及低自放电等特点，故适合如白昼-黑夜转换的场合应用。白天太阳能提供电源并对 EC 充电，晚上则由 EC 提供电源。典型的应用有太阳能手表、太阳能灯、汽车停放收费计灯、路标灯、交通信号灯等，它们能较长时间使用，不需要任何维护。

0.4.1.2　作主电源

通过几个超级电容器释放几毫秒至几秒的大电流。放电后，超级电容器再由低功率的电源充电，其应用有玩具车等，其体积小、重量轻，能很快启动。

0.4.1.3　作后备电源

目前，超级电容器应用较广的领域为电子产品领域，主要是充当计时器、存储器、电脑等的后备电源。当主电源中断、由于振动所产生接触不良或重载引起系统电压降低时，EC 就可以作为后备补充电源使用。典型的应用有卫星接收器、录像机、出租车的计量器、移动电话等。

0.4.2　在电动汽车领域的应用

现代社会中所提出的能源危机及环境友好，对当代交通工具的要求越来越高。利用清洁能源的电动汽车成为时代发展的需要。目前的主要发展方向是开发混合电动汽车，用超级电容器作为加速和爬坡时的补充能量源，用电池作为电动汽车的正常运行的能量源；另外，还可以用超级电容器来存储制动时产生的再生能量。这样在电动汽车行驶时起步快、加速快、爬坡能力强，而且可以在低温的环境下启动。同时，超级电容器还可用于各种大型载重及特种车辆、船舶和飞机的电启动装置上；其与柴油机的电启动蓄电池并联使用，可以提高燃油点燃质量，降低燃油消耗，减少机器磨损，减小启动时对其他设备用电的影响，延长蓄电池使用寿命，降低运营成本，提高经济效益[45-50]。

0.4.3　在峰值脉冲功率方面的应用

超级电容器适合在大功率的脉冲电源上应用，特别是在那些使用无线技术的便携装置，如便携式计算机及采用 GSM、GPRS 等无线通信的掌上型装置（如手机等）。此外，超级电容器安装在芯片上可以达到储存和强化电能的效果，可以比普通电容器储存更多的能量，因为其能量密度高，所以可以缩小电源和整机的体积、延长通话时间和电源使用时间；另外还可以在电源波动或部分停电时维持运作，避免产生不必要损失的可能，从而延长便携装置中电池的使用循环寿命[51]。

0.4.4 在国防领域的应用

随着现代军事技术的不断进步，新一代的粒子束武器、导弹、激光武器、航天飞行器等高能军事需要相继出现。这些装备在发射阶段除需要常规高比能量电池外，还须与超级电容器组合才能构成“致密型超高功率脉冲电源”，通过对脉冲密度、峰值释放功率、脉冲释放率的调整，起飞加速器、电弧喷气式推进器的速度等装置能实现在脉冲状态下达到任意平均功率水平的功率状态。例如，美国军方将超级电容器用于重型卡车、装甲运输车。Maxmell 公司正向 Oshkosh 汽车公司提供 Power Cache 超级电容器，为美国军方制造 HEMTTLMS 概念车，其所用的动力就是该公司生产的 Propulse 混合电力推动系统[45]。

0.4.5 在太阳能与风力发电系统的应用

2008 年，在北京举办奥运会时提出了“绿色奥运”，这使太阳能的研究达到一个新的高潮。作为太阳能发电的重要组成部分的储能装置，要求存储容量大、漏电流小、工作寿命长且能够在低温条件下稳定工作，可以进行瞬间充电以适应天气的变化、无记忆效应、免维护等。若用蓄电池在复杂环境下运营，其成本较高；并且在反复充放电和低温应用条件下，蓄电池容量衰减严重，且使用寿命会降低很多。超级电容器因其具有超长充放电循环寿命、免维护、高可靠性等特点，使其替换蓄电池成为可能，并可以降低发电系统的运营成本。另外，微型和小型超大容量的超级电容器还可以与太阳能电池并联使用，作为储能元件用于太阳能手表、太阳能计算器和其他太阳能应用产品。如日本 Matsushita 生产的 Up-CaP 电容器已用于光伏发电的功率负载上。另外，超级电容器在电站直流控制、大型工业不间断电源（UPS）、点焊机、轨道电路光焊机、充磁机、X 光机，以及一些消费电子等领域也有非常广阔的应用前景[52]。

0.5 超级电容器的研究进展

在超级电容器的研究中，电极材料是超级电容器的重要组成部分，是影响超级电容器性能的主要因素之一。目前应用于超级电容器的电极材料主要有碳基材料[53-58]、导电聚合物电极材料[63-66]和金属氧化物电极材料[59-62]，在此基础上人们又开发了复合电极材料。

0.5.1 碳基材料

碳材料是最早被用于超级电容器的电极材料，也是截至目前工业化最为成功、技术最成熟的电极材料。碳材料的研究集中在制备具有比表面积高和内阻小的多孔碳材料，以及对碳基材料改性等方面。采用高比表面积的碳材料可以得到较大的比电容，根据双电层原理，电极表面的双电层电容为 20 μF/cm^2。如采用比表面积为 1000 m^2/g 的活性炭作电极材料，可获得高达 200 F/g 的比容量。在实际中应用的碳基材料主要有多孔碳材料、活性炭材料、活性炭纤维、碳气凝胶、碳纳米管、玻璃碳、网络结构活性炭以及某些有机物的碳化产物等[67-71]。

在所有的碳材料中，碳气凝胶和碳纳米管是具有较好应用前景的新型碳材料。碳纳米管因具有比表面积大、导电性好、结晶度高、在一定范围内孔集中等优点，是较理想的超级电容器电极材料。Pico 等[72]通过电弧放电法利用 Ni/Y 作催化剂制备单壁碳纳米管，然后将其经过 350 ℃热处理，其产物的比表面积可达到 644 m^2/g，所制备的碳纳米管活性材料在 H_2SO_4 电解液中的比电容约为 140 F/g；Jiang 等[73]用蒸汽沉积法制以 CH_4 和 La_2NiO_4 为原料的普通碳纳米管，用 KOH 溶液活化得到活性炭纳米管，研究表明经强碱活化后的碳纳米管的电容是普通碳纳米管孔体积为 1.5 倍，比表面积为 3 倍，比电容为 2 倍。碳气凝胶是具有交联结构的纳米多孔材料，其孔隙率高、孔径分布广、密度变化范围大，被用作超级电容器电极材料时，不需要加入任何黏合剂，电导率较高。Kim 等[74]将有机溶剂型电解液应用于聚偏二氯乙烯基碳材料，制成双电层电容器，在水性溶剂型电解液中表现出超过 100 F/g 的比电容；Wen 等[75]利用球墨加固化的方法制备纳米多孔玻璃碳，研究孔结构与 KOH 电解质之间双层电容的相关性，得到的最大电极比电容为 230 F/g。Kim[76]用表面积为 500~1220 m^2/g 的纳米碳纤维制作的电极比容量为 35~202 F/g，在 800 ℃活化后其电容达到最大。

由以上的研究可以看出，对于碳基材料来说，其比电容普遍较低，对于大比电容的应用场合需要开发具有高比电容的电极材料。

0.5.2　导电聚合物电极材料

导电聚合物用作电极材料是近年来发展起来的一个研究领域，其作用机理是：通过电极上聚合物发生的快速可逆 N 形或 P 形元素掺杂和去掺杂氧化还原反应，使得聚合物可以达到高的电荷储存密度，进而产生高的法拉第准电容。其中，聚苯胺、聚吡咯、聚噻吩等是较常见的聚合物电极材料。聚合物电容器的比功率和比能量分别为 2~20 kW/kg 和 30~50 Wh/kg，比电容是碳基电极材料的 5~6 倍[77]。导电聚合物的缺点是在长期充放电过程中性能不太稳定，会发生体积膨胀（或收缩）影响其电化学性能[78]。此材料主要研究工作集中在寻找具有较好掺杂性能的导电聚合物，提高聚合物的充放电性能、循环寿命、热稳定性能等方面。Gupta 等[79-80]在不锈钢表面恒电位下沉积大面积纳米线直径为 30~60 nm PANI 纳米线网络，此电极在 1 mol/L H_2SO_4 溶液中可以得到比电容为

742 F/g，比功率为 16 kW/kg。PANI 纳米线形成的多孔网络拥有大的比表面积，可以进行较充分的氧化还原反应，因此在大电流密度放电条件下与普通 PANI 相比具有更高的电化学稳定性。陈宏等[81]采用脉冲电流方法合成了同样具有一维 PANI 纳米纤维，比电容为 699 F/g，能量密度为 54.6 Wh/kg，此材料具有良好的充放电性能和循环寿命。辛凌云等[82]用聚合法制备樟脑磺酸掺杂 PANI 纳米管或纤维，其充放电测试结果表明，PANI 纳米管在 5 mA 电流放电时比电容量可达 249 F/g，比同条件下 PANI 纳米纤维的比电容高 14.7%，而比普通 PANI 粉末的比电容高 41.5%。

0.5.3 金属氧化物电极材料

碳基材料主要是双电层电荷的储能方式，因此在一定程度上决定了其具有较低的比能量[83]。金属氧化物在电极/溶液界面反应所产生法拉第准电容要远大于碳材料双电层电容，因此近年来金属氧化物电极材料受到国内外研究人员的广泛的关注。目前，国内外学者的研究工作主要围绕以下四个方面：

（1）制备大比表面积的贵金属氧化物电极活性物质 RuO_2；

（2）寻找其他廉价材料来代替贵金属氧化物以降低材料成本；

（3）金属氧化物与碳材料、金属氢氧化物、导电聚合物等进行复合提高电极材料电容量及导电性；

（4）为减少贵金属的用量，贵金属与其他金属化合物复合，同时拓展电化学窗口达到提高电极材料的比容量的目的。

贵金属氧化物 RuO_2 和 IrO_2 是早期应用于航空航天和军工领域的首选电极材，最具代表性是 RuO_2。由于它们具有较好的导电性，有较高的比电容和比功率[84-85]。1995 年，Zheng 等[86]在低温下利用溶胶凝胶法制得无定形的 $RuO_2 \cdot H_2O$ 电极材料，比电容可达 768 F/g；Jow 等则认为 $RuO_2 \cdot H_2O$ 是无定形态，晶格刚性较弱，电解液容易进入电极材料的内部，当它作电极时，使材料全部参加电化学反应，即材料的利用率可达到 100%；而无水 RuO_2 作电极材料时，仅在材料的表面发生反应。因此，虽然 RuO_2 比表面积大，但实际比容量却比 $RuO_2 \cdot H_2O$ 小得多。由此可见，无定形态结构比晶体结构更适合做超级电容器的电极材料[87-88]。

RuO_2 虽然具有相当优异的电化学性能，但是由于钌金属资源有限、价格高昂且对环境有污染，进而在一定程度上限制了其在实际中的应用。近来研究发现，钒、锰、镍、钴、钼、钨的某些氧化物（如 V_2O_5、MnO_2、NiO、CoO、Co_3O_4、MoO_3、WO_3 等）有着和 RuO_2 相似的电化学性质，且资源丰富、价格便宜，目前正在成为国内外研究的热点。例如，Pang 等[89]用溶胶凝胶法和电化学沉积法分别制备了高比表面积的 MnO_2，通过比较发现，用溶胶凝胶

法制备的 MnO_2 的比容量比用沉积法制备的 MnO_2 高出 1/3，其比容量高达 698F/g，且循环 1500 次后，容量衰减不到 10%。Kalakodimi 等[90]利用动电位沉积法分别合成了无定型水合二氧化锰纳米晶须和纳米线，该材料的最大比容量为 482 F/g。

氢氧化钴及氧化钴材料也是一种非常具有发展潜力的超级电容器电极材料。Cao 等[91]用化学共沉淀的改良法制备 $Co(OH)_2$/USY 纳米复合材料，获得目前报道上最高比电容 1492 F/g，该方法通过共沉淀让 $Co(OH)_2$ 在超稳 Y 分子筛载体表面生长，得到形态稳定且大比表面积的高容量复合材料。张密林等[92]利用化学沉淀法制备纳米 $Co(OH)_2$ 电极材料，其单电极比容量为 92 F/g，具有较小的电极阻抗。Chuan 等[93]采用醇盐水解法制备超细 Co_2O_3 电极材料，其单电极比容量为 291 F/g，当用溶胶凝胶法合成 CoO_x 的干凝胶在 150 ℃时，可得到高比电容为 291 F/g，且循环稳定性较好，这是因为在低温下可获得无定形的 $Co(OH)_2$ 材料，此材料具有合适孔隙和较大的比表面积。Cao 等[94]用简单的化学氧化还原法制备纳米 Co_3O_4 材料，该材料具有有效的孔径分布、高的比表面积、疏松结构及较小的电荷传递电阻，其比容量可达 401 F/g。

除了钴氧化物外，镍氢氧化物及氧化物也是研究的热点。Cao 等[95]用共沉淀法获得 $Ni(OH)_2$/USY 纳米复合材料，得到目前报道上最高比电容 583 F/g，该方法通过共沉淀让 $Ni(OH)_2$ 在超稳 Y 分子载体表面生长，得到大比表面积且形态稳定的高容量复合材料。Kyung 等[96]用电化学沉积法制备 $Ni(OH)_2$ 薄膜，通过热处理得到多孔 NiO 薄膜，此薄膜电极的比容量可达 277 F/g。闪星等[97]用络合沉淀法制得 $Ni(OH)_2$，经过热分解得到纳米 NiO 粉末作电极活性物质，比容量可达 90~100 F/g。王晓峰等[98]利用水解法制得 $Ni(OH)_2$ 胶体，经过烧结处理得到具有高比表面积及特殊结构的超细 NiO 粉末作电极活性物质，比容量可达 240 F/g；Liu 等[99]用溶胶凝胶法制备多孔 NiO 水合物，其比容量可达 265 F/g。Yang 等[100]用电化学沉积的方法在泡沫镍上沉积 $Ni(OH)_2$，其比容量可达 3152 F/g。王晓峰等[101]在一定条件下以可溶性镍盐发生水解反应制备溶胶凝胶，所制备的多孔氧化镍有大电流充放电性能和长循环寿命，组装成模拟电容器，其单电极比电容分别为 200~256 F/g 和 240 F/g 以上，氧化镍表现出良好容量及功率特性。对于以上的金属氧化物的比电容都相对较低，可以通过材料的结构调控，制备出高活性高性能的电极材料。

0.5.4 复合材料电容器

复合电极材料能够实现材料的性能与成本协调，并具有单一电极材料所不具备的优良性能。在改善电极性能方面，掺杂碳纳米管是有效的方法之一，其原因如下：

（1）碳纳米管具有很好的导电性，可以降低活性材料的氧化还原反应阻抗，同时可以解决可逆性差及充放电效率较低等问题；

（2）活性物质分散在碳纳米管互相缠绕的网络结构中，可以增大活性物质的比表面积；

（3）活化后的碳纳米管具有开放的网络，分散于复合电极中使溶液中的离子能够更容易进入电极体相中参与电化学反应；

（4）相互交织的碳管可以相互协同作用，有利于电荷的三维分布，能够充分利用电双层原理和赝电容原理进行电荷存储。

Ma 等[102]将碳管与 $RuCl_3$ 水溶液混合并加入 NaOH 溶液，烘干后得到 CNTs/$RuO_2 \cdot xH_2O$ 复合电极材料，当 $RuO_2 \cdot xH_2O$ 的含量（质量分数）为 75%时，具有较好的功率特性，复合电极的比电容值为 560 F/g。Raymundo 等[103]利用化学共沉淀法制备的无定型 $MnO_2 \cdot nH_2O$ 具有较高电化学阻抗，在 1 mol/L Na_2SO_4 溶液中其比电容仅为 0.1 F/g，加入 15%（质量分数）的 CNTs 后，电极导电性能得到有效改善，其比电容值提高至 140 F/g。王晓峰等[104]采用溶胶-凝胶法制备超细氢氧化镍电极材料，单纯氢氧化镍电极比电容为 100 F/g，向其中加入 CNTs 来改善比电容和电极材料的阻抗特性，而掺有 20%CNTs 的复合电极，其比电容为 320 F/g。Kim 等[105]利用动电位沉积技术在硫酸钒溶液中的 CNTs 薄膜表面电沉积 $V_2O_5 \cdot xH_2O$，得到 $V_2O_5 \cdot xH_2O$/CNTs 复合薄膜电极，在溶有 $LiClO_4$ 的碳酸亚丙基酯电解液中，其比电容为 910 F/g，是以 Pt 片为基底的 $V_2O_5 \cdot xH_2O$ 薄膜电极比电容的 3 倍。An 等[106]研究发现 SWNTs/PPY 复合电极与单纯 PPY 电极有更高的比电容值，当 SWNTs 与 PPY 质量比为 1∶1 时，得到最大比电容为 265 F/g。Zhou 等[107]制备的纯 PANI 电极比电容为 169.5 F/g，而与 0.8%的 SWNTs 复合，能够得到 SWNTs/PANI 复合电极的比电容为 190.6 F/g，且在大电流密度下，比电容减小得比较缓慢。

由以上分析可知，用 CNT 和碳材料进行材料复合是改善材料电化学性能的较佳途径。

0.6 本书主要内容

超级电容器的双电层电容是在电极/溶液界面，通过电子和离子或偶极子的定向排列所产生的；而法拉第准电容在电极表面或体相中的二维或准二维空间，电活性物质进行欠电位沉积，发生高度可逆的化学吸附、脱附或氧化还原反应，产生与电极充电电位有关的电容。由于金属氧化物和氢氧化物所产生的法拉第电容远大于活性炭材料表面产生的双电层电容，法拉第准电容器正逐步取代双电层电容器，成为研发的热点。根据前面所述的超级电容器及其电极材料的研究进展，得知目前对这种新型的储能设备的研究主要集中在两个方面：一方面是进一步提高现有体系的性能；另一方面是研究开发新材料，寻找更理想的电极体系和材料。其中，寻找高性能的电极材料来提高超级电容器的主要技术参数也就成了研究的主攻方向。超级电容器的电极材料选取必须依照以下标准：

（1）材料资源丰富，价格低廉；

（2）纳米材料的制备方法简单可行，能得到高比表面积的电极材料；

（3）材料导电性较好，电荷在电极/电解质中迁移阻力小，以及其空间结构有利于工作离子的嵌入与脱出；

（4）电解液中不易腐蚀，且活性物质重复循环后其物理和化学性能相对稳定，尤其电化学性能稳定；

（5）对环境友好，所用电极材料对环境污染尽量小。

研究发现，钴、镍的氢氧化物、氧化物有着与 RuO_2 相似的性质，且价格便宜、资源丰富、环境友好，开始受到人们的关注。本书选择钴、镍的氢氧化物、氧化物及其两者复合，与碳纳米管、介孔碳复合材料入手，通过选择材料体系，优化制备工艺，研制出具有多层次结构、高活性的金属氢氧化物、氧化物及复合物电极材料。将材料表征手段和电化学研究手段结合，对其性能进行测试，为研制超级电容器提供实验的依据和理论基础。

本书基于多层次高活性的钴、镍金属氢氧化物、氧化物及复合材料开展电极材料的结构调控及性能、机理研究，主要内容如下。

（1）合成多层次结构球形 Co_3O_4 电极材料。采用水热法制备球形的 Co_3O_4 电极材料，讨论电化学工作电位区间及其反应机理、电解液浓度对电化学性能的影响规律；并研究其生长机理，并分析其各种因素对电化学性能的影响机理。另外，利用水热-热分解法制备多层次层状结构 Co_3O_4 电极材料；研究了不同热处理方法得到的 Co_3O_4 电极材料的电容特性。

（2）利用水热法合成多层次结构花状的 α-$Ni(OH)_2$、β-$Ni(OH)_2$ 和 NiO 电极材料。研究水热后不同热处理温度对 $Ni(OH)_2$ 的形貌结构，并研究孔结构、水热时间、沉淀剂的量，以及种类、表面活性剂及溶剂种类、热处理温度对其电容特性的相关性，从而对影响机理进行分析。同时，分析了 $Ni(OH)_2$ 在较高热处理温度时生成 NiO 电极材料的结构与电化学性能对热处理温度的规律，从而得到 $Ni(OH)_2$ 在整个热处理温度的结构与性能之间的关系。

（3）基于多层次结构 $Co_3O_4/Ni(OH)_2$ 复合电极的超级电容器分析。通过水热法、添加表面活性剂合成了不同比例的 $Co_3O_4/Ni(OH)_2$ 复合电极材料，对其进行不同温度的热处理。从而分析复合比例、热处理温度和表面活性剂对电化学性能的影响机理。利用水热法合成多层次结构 CNT/$Ni(OH)_2$ 和介孔碳/$Ni(OH)_2$ 复合电极。研究不同比例 CNT 对其结构与形貌及电化学性能的影响，从而分析复合机理及其影响规律，并对其电化学性能进行分析。

（4）多层次结构 $Co(OH)_2$ 薄膜电极的制备和电化学性能分析。采取电化学沉积法制备 $Co(OH)_2$ 薄膜电极材料。讨论不同基板、水-乙醇比例、电压、沉积温度、热处理温度对 $Co(OH)_2$ 薄膜电极的结构与性能的影响，并分析其循环寿命，从而得到其结构与性能之间的构效关系。

1 实验方法及原理

1.1 主要原材料及仪器设备

1.1.1 主要化学试剂及原材料

本书中实验涉及的试剂见表 1-1。

表 1-1 主要化学试剂

试剂名及分子式	纯　　度
硝酸钴 $Co(NO_3)_2 \cdot 6H_2O$	A. R.
硫酸钴 $CoSO_4 \cdot 7H_2O$	A. R.
氯化钴 $CoCl_2 \cdot 6H_2O$	A. R.
乙酸钴 $Co(CH_3COO)_2 \cdot 4H_2O$	A. R.
硝酸镍 $Ni(NO_3)_2 \cdot 6H_2O$	A. R.
氨水 $NH_3 \cdot H_2O$	A. R.
氯化氨 NH_4Cl	A. R.
过氧化氢 H_2O_2	A. R.
正丁醇 C_4H_9OH	A. R.
聚乙二醇 $HO(CH_2CH_2O)_nH$	A. R.
无水乙醇 C_2H_5OH	A. R.
草酸 $H_2C_2O_4 \cdot 2H_2O$	A. R.
十二烷基硫酸钠 $C_{12}H_{25}O_4SNa$	A. R.
尿素 $CO(NH_2)_2$	A. R.
氢氧化钠 NaOH	A. R.
氢氧化锂 LiOH	A. R
氯化钠 NaCl	A. R
氟化钠 NaF	A. R
硫酸铵 $(NH_4)_2SO_4$	A. R

续表 1-1

试剂名及分子式	纯　度
硫酸钠 Na_2SO_4	A. R
硝酸铵 NH_4NO_3	A. R
硝酸钾 KNO_3	A. R
盐酸 HCl	A. R.
氢氟酸 HF	A. R.
硫酸 H_2SO_4	A. R.
硝酸 HNO_3	A. R.
正硅酸乙酯 TEOS	A. R.
碳纳米管 C	A. R.
导电石墨 C	化学纯
乙炔炭黑 C	化学纯
聚四氟乙烯 PTFE	化学纯
泡沫镍 Ni	—
氢氧化钾 KOH	A. R.
异丙醇 $(CH_3)_2CHOH$	A. R.

1.1.2 实验仪器

本节实验中涉及的仪器见表 1-2。

表 1-2 仪器及设备

仪器名称	型号规格
分析天平	BS124S
磁力搅拌器	79-3
酸度计	pHS-3C
水浴锅	DF-101S
超声波清洗器	KQ-100DA
离心机	TG160-WS
精密马弗炉	$SX_2$4-13
电热鼓风干燥箱	WG-43
真空干燥箱	DZF-6020
辊压机	MR417-3
粉末压片机	769YP-15A

续表 1-2

仪器名称	型号规格
电化学工作站	CHI660C
综合分析仪	NEZSCH409PC
扫描电镜	JSM-5610LV
X 射线衍射仪	XPert Pro MPD
能谱仪	XL30-3-FEG
透射电镜	H-600STEM/EDXPV9100
场发射扫描电镜	JEOL-6700F
比表面积分析仪	AS-6B
傅里叶变换红外光谱仪	Nexus

1.2　材料表征测试

热重分析采用 Petkin-Elmer 公司生产的 PYR IS/DSC TALAB SYSTEM 型热重分析仪，升温速率为 5 ℃/min，空气气氛；X 射线衍射分析采用日本生产的 B/MAX-RB 型 X-ray 衍射仪，管电压 40 kV，管电流 50 mA，扫描范围为 10°~80°；样品的形貌观察采用日本生产的 JSM-5610LV 型扫描电镜、JEOL-6700F 型场发射扫描电镜和 JEM-2100F STEM/EDS 型透射电镜；样品 EDX 采用美国通用公司生产的 phoenix 型 X 射线显微分析系统进行测定。傅里叶变换红外光谱分析采用美国热电尼高力公司生产的 Nexus 型红外光谱仪，用 KBr 压片法制样后测定样品的红外光谱，测定范围为 400~4000 cm^{-1}。在材料测试时，可根据 XRD 用谢乐（Scherrer）公式计算晶粒的大小，即：

$$D = \frac{0.89\lambda}{B\cos\theta} \tag{1-1}$$

式中 D——晶粒大小，表示晶粒在垂直于 hkl 晶面方向的平均厚度，nm；

λ——X 射线衍射线入射波长，nm；

θ——Bragg 角；

B——衍射峰半高宽度，rad。

1.3　电极的制备

将所制备的活性物质、石墨、乙炔黑和聚四氟乙烯（PTFE）乳液按质量比 75：10：10：5 混合，并加入适量的异丙醇；混合均匀后，在手摇辊压机上辊成薄片，然后在油压机上以 10 MPa 的压力将其压在面积为 1 cm^2 的泡沫镍上；将其放入真空干燥箱中干燥 24 h，称量电极前后质量，其制备工艺如图 1-1 所示。将所制备的电极放入 KOH 电解液中浸泡 24 h 待测。以所制备的活性物质电极为工作电极，铂电极为辅助电极，饱和甘汞电极（SCE）为参比电极，以 KOH 溶液为电解液，使用 CHI660C 电化学工作站测试电极的电化学性能。

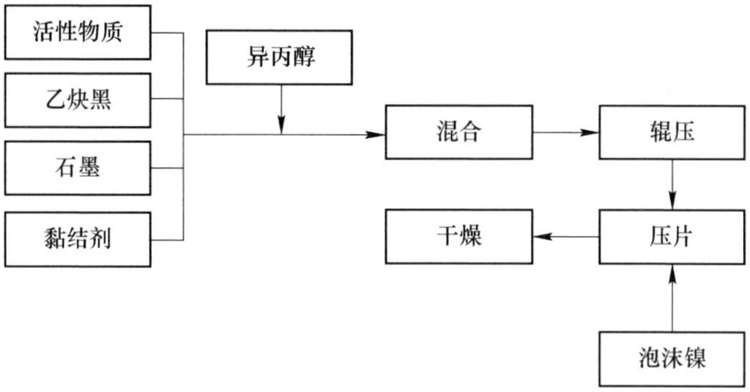

图 1-1 超级电容器研究电极制备工艺示意图

1.3.1 黏结剂的选择

在制备电极过程中，为了增加电极测试过程中的强度，提高其机械性能，防止循环过程中活性物质的变形、脱落，需要在其中加入黏结剂。目前，研究较多的黏结剂包括羟甲基纤维素钠（CMC）、聚偏氟乙烯（PVDF）、聚四氟乙烯（PTFE）等[108]。CMC 分子极性大且弹性大，耐膨胀性较差而 PVDF 价格较高，因此本节实验中选用 PTFE 作为黏结剂。PTFE 是一种物理化学性能十分稳定的高聚物，具有耐强酸、强碱腐蚀、优良的疏水性，能生成多孔的纤维状高分子薄膜，可有效地防止活性物质脱落、电极产生气泡现象的发生，电极强度高，韧性好。因为 PTFE 为绝缘体，在电极中加入过多会增加电极的电阻，所以必须控制其加入的量。经过大量的实验对比发现，当 PTFE 含量较低时，电极的黏着性能较差，不足以使活性物质牢固地黏结在集流体上而易于脱落，导致电极片的容量下降。当黏结剂含量过高时：一方面会容易阻碍电解液顺利进入电极的孔洞，不利于电解液与电极材料充分反应接触；另一方面，黏结剂含量过高，电极的内阻也会增大，同时也会相应减少活性物质的量，从而影响整个电极的比电容。因此，对黏结剂研究的目的在于保证电极良好成型性，以及较低内阻的情况下尽可能提高活性物质的量，提高电极的电化学的性能。通过多次实验工艺优化，发现黏结剂为 5%（质量分数）PTFE 乳液，黏结剂的量选 5%较合适，因此，在下面所有的实验制备测试电极时加入的 PTFE 的量都为 5%。

1.3.2 压力的选择

电极活性材料一般是粉末材料，加入黏结剂后，在电极的制备过程中需要施加一定的压力才能成型测试。电极性能受压力的大小对电化学性能的影响比较大。当施加较合适的压力时，活性物质之间的接触较好，改善集流体与电极物质的接触性能，同时降低接触电阻。经过多次实验验证，如果所施加的压力大于10 MPa，会造成电极活性物质的传质困难，使得活性物质的利用率较低，电解液进入电极内部的孔洞中变得困难，从而导致电极内阻增大。如果压力小于10 MPa，整个电极活性物质的机械结合性能较差，电极比较疏松，测试过程中集流体容易与活性物质脱落，且活性材料颗粒之间的内阻较大，集流体和活性材料之间的接触电阻也会增大，导致整个电极的比电容不高，且其他性能下降。因此，全书实验中通常采用10 MPa的压力制备电极。

1.3.3 集流体的选择

集流体应该具有良好的导电性，且不能与电极活性材料及电解液发生化学反应。通常用的集流体分为两种：当是水相电解液时，用泡沫镍作集流体；当是有机相电解液时，用不锈钢网作集流体。泡沫镍具有多孔性，因此在压片时，可将活性物质压进集流体内部，使得活性电极活性材料与集流体之间具有更好的接触。使用时，将泡沫镍切成所需用的形状和大小，将其分别放入一定浓度的碱性和酸性溶液中浸泡除去油污。用去离子水洗后，除去表面氧化物。最后在去离子水中超声洗涤30 min，最后再用无水乙醇超声30 min，自然干燥即可。

1.4 电极的测试方法及原理

1.4.1 三电极实验体系

实验中活性材料的电化学性能主要是通过对单电极进行循环伏安与恒电流充放电，辅助交流阻抗测试来研究的。测试仪器为上海辰华CHI660C型电化学工作站，采用三电极体系测试，研究实验的电极为活性材料电极，辅助电极为铂片电极，参比电极为饱和甘汞电极（SCE内装饱和KCl溶液）。图1-2是三电极体系测试示意图。

1.4.2 循环伏安

循环伏安特性测试是电化学领域研究的一种比较重要的实验方法，是给定一个线性变化的三角波的扫描电位信号，测试电路中的响应电流，得到响应电流与电压的关系曲线。通过循环伏安测试，能够较直观地看出充放电过程中电极表面

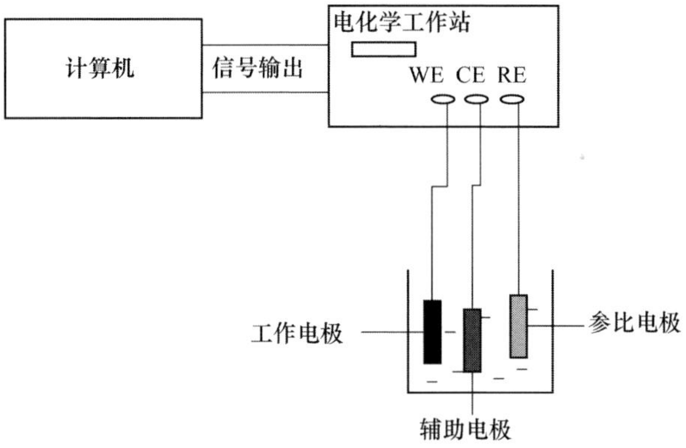

图 1-2 三电极体系示意图

的电化学行为，可以反映出电极反应的析氧特性、可逆性、充放电效率、难易程度和电极表面的吸/脱附特征，能够了解活性材料在工作电压范围内是否能够表现出理想的电化学行为和稳定的工作电位，探讨活性材料电化学能量的主要存储方式，同时进行理论分析。循环伏安法一般是通过在三电极系统施加循环电压后，使测试体系的电流产生往复循环变化，工作电极交替循环作正负极。循环伏安法实验具有相对简单、获得信息量大且可以进行深入的理论研究等特点[109]。

双电层容量可通过公式 $\mathrm{d}Q = i\mathrm{d}t$ 和 $C = Q/\varphi$，得：

$$i = \frac{\mathrm{d}Q}{\mathrm{d}t} = C\frac{\mathrm{d}\varphi}{\mathrm{d}t} \tag{1-2}$$

式中 i——电流，A；

$\mathrm{d}Q$——电量微分，C；

$\mathrm{d}t$——时间微分，s；

$\mathrm{d}\varphi$——电位微分，V。

由式（1-2）可知，在扫描速度一定的情况下，电极上通过的电流 i 与电极的容量 C 成正比例关系。对于一个给定的电极，在一定的扫描速度下对电极进行循环伏安测试，通过研究曲线纵坐标上电流的变化，就可以计算出电极电容量的情况。再根据电极上活性物质的质量就可以计算出这种电极材料的比容量，其计算公式为：

$$C_s = \frac{i}{m\frac{\mathrm{d}\varphi}{\mathrm{d}t}} \tag{1-3}$$

式中 m——电极上活性物质的质量，g。

另外，通过循环伏安曲线计算电流与电位包围的面积也可计算电极材料的比容量，其计算公式为：

$$C_s = \frac{1}{m(\varphi_2 - \varphi_1)}\int_{\varphi_1}^{\varphi_2} \frac{Q}{\Delta V}\mathrm{d}V = \frac{1}{m(\varphi_2 - \varphi_1)}\int_{\varphi_1}^{\varphi_2} \frac{I}{v}\mathrm{d}V \tag{1-4}$$

式中　v——电极的扫描速度，V/s。

由基本的公式 $i(t) = \frac{\mathrm{d}Q}{\mathrm{d}t}$ 和 $C = \frac{Q}{U}$，经过一系列的数学推导，得到电流与电压的变化关系和电容表达式：

$$i(t) = \frac{\mathrm{d}Q}{\mathrm{d}t} = \frac{\mathrm{d}(Cu_c)}{\mathrm{d}t} = C\frac{\mathrm{d}u_c}{\mathrm{d}t} \tag{1-5}$$

$$i(t) = Cv(1 - \mathrm{e}^{\frac{-t}{RC}}) \tag{1-6}$$

即

$$C = \frac{i(t)}{v(1 - \mathrm{e}^{\frac{-t}{RC}})} \tag{1-7}$$

由式（1-7）可知，当线性变化的电压信号加在电容两端时，电路中电流不会像纯电容那样立刻变化到恒定电流 i，而是经过一定时间才能变化到恒定的电流。如图 1-3（a）所示，循环伏安曲线会出现一段有一定弧度的曲线，不像理想的平板电容一样完全是矩形。式（1-6）和式（1-7）中的 RC 称为电容器的过渡时间，当 RC 较小时，曲线在外加信号改变后变化很快，很快就能达到稳定电流 i，如图 1-3（b）所示；当 RC 较大时，曲线在外加信号改变后需要一定的时间才能达到稳定电流 i，这样就使曲线偏离矩形就较大。

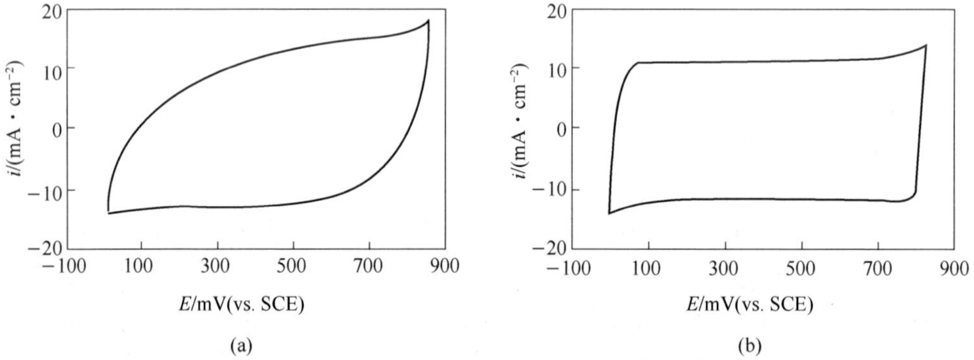

图 1-3　实际循环伏安曲线

（a）RC 较大；（b）RC 较小

超级电容器是一种可以瞬间释放大电流的元件，要求内阻要非常小，以减小内阻引起的分压降，使得循环伏安曲线接近矩形。研究表明，随着电阻 R 的减小，循环伏安曲线矩形特征越明显[110-111]。因此，电极的循环伏安曲线形状可以用来定性分析活性材料的电容特性。如果活性材料适合作超级电容器的活性物质，那么其循环伏安曲线就较接近矩形，*RC* 也相对较小，因此可以用循环伏安曲线纵坐标的电流变化情况来研究其比容量的变化情况。

另外，还可通过改变扫描速度来观察循环伏安曲线形状的变化，从而定性地分析不同扫描速度下电极的电容特性。如果在大的扫描速度下，曲线仍能呈现较好的矩形，说明电极的过渡时间短，电极的内阻小，较适合在大电流下的充放电，功率特性好；反之，则电极不适合大电流工作，这种材料不适合作为超级电容器的活性电极材料。电极材料在电解液中表现出电容行为的电位窗口范围是超级电容器研究中需要考虑的另一个重要因素。电极电位窗口的范围直接影响到电容器的功率密度和能量密度。通过循环伏安测试，改变电位窗口范围，分析不同电位窗口下电极材料的电容特性。另外，还可以通过循环伏安法来测试电极材料的循环寿命，通过观察不同循环次数的循环伏安曲线的形状和所围面积，计算不同循环次数比容量的变化。

1.4.3　恒流充/放电测试方法其原理

恒电流充/放电法是研究电极电化学性能常用的一种方法。它的基本测试原理为：处于特定充/放电状态下的被测电极在恒电流条件下充/放电，考察其电位随时间的变化，分析电极的性能，计算其比容量。本节通过恒流充放电实验来测试电极的电容特性，从而获得电极材料的比容量。

在恒流充/放电测试中，电流为电化学响应信号，当施加电流的控制信号时，电位为测量的响应信号，主要分析电位随时间的函数变化的规律。对于超级电容器电极，根据式（1-2）可知，采用恒定电流进行充放电时，如果电容量 C 是恒定值，则 $d\varphi/dt$ 是一个常数，即电位随时间呈线性变化关系。也就是说，电容器的理想恒流充/放电曲线为一条直线，如图 1-4（a）所示。

在实际的应用中，电容器都存在一定的内阻，结合电工学知识可知，充放电转换瞬间有一个电位的突变 $\Delta\varphi$，实际恒流充/放电曲线如图 1-4（b）所示。另外，可利用恒流充放电曲线来计算电极活性物质的比容量，公式推导如下。

电容器的电容量 C 的计算公式为：

$$C = \frac{\Delta Q}{\Delta V} \tag{1-8}$$

其中，$\Delta Q = i\Delta t$，于是 $C = i\dfrac{\Delta t}{\Delta V}$。

电活性材料的质量比容量的计算公式为：

$$C_s = \frac{i\Delta t}{m\Delta V} \tag{1-9}$$

式中　i——恒流放电电流，A；

Δt——充/放电时间，s；

m——电极材料中总活性物质的质量，g；

ΔV——充/放电电压升高/降低平均值，V。

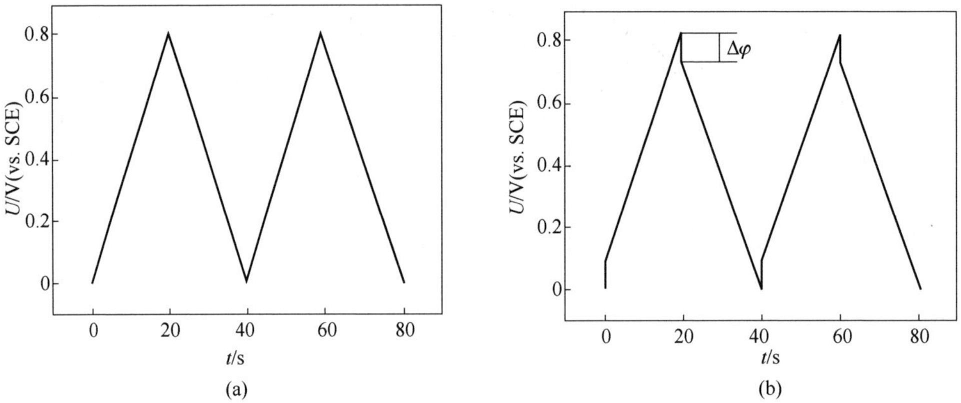

图 1-4　恒电流充/放电曲线

（a）理想充/放电曲线；（b）实际充/放电曲线

在实际电容器中都存在一定的内阻，由电路学可知充放电转换瞬间有一个电位的突变（$\Delta\varphi$），如图 1-4（b）所示，可以利用突变电位计算活性电极的等效串联电阻[112]，即：

$$R = \frac{\Delta\varphi}{2I} \tag{1-10}$$

式中　R——等效串联电阻，Ω；

I——充/放电电流，A；

$\Delta\varphi$——电位突变，V。

等效串联电阻是影响电极功率特性最直接因素之一，同时也是评价电极大电流充放电性能的一个最直接指标。根据恒流充/放电曲线可计算的等效串联电阻值是非常必要的。

1.4.4　交流阻抗测试方法及原理

交流阻抗[113]是常用的一种电化学测试技术。交流阻抗测试的基本原理是：活性电极中的电子与电解液中的离子接触而发生电化学反应。在电解液和电极异相接触的界面上，电荷所发生的迁移电极反应与界面的物化条件、物性紧密相关，电化学交流阻抗可以相对较全面地描述界面的电阻性质。

交流阻抗测试可以用 Nyquist 曲线得到不同测试频率下电极材料的电容值和阻抗值，可以获得电极在电化学充放电过程中的时间效应，即时间常数 $\tau(\tau =$

RC)。图 1-5 为交流阻抗测试所得到的复平面阻抗谱图，在复平面阻抗曲线上 Z_{real}(X 轴) 代表阻抗实部；Z_{im}(Y 轴) 代表阻抗虚部；曲线左侧代表高频区，右侧代表低频区。理想电容器不存在频率效应，其 Nyquist 曲线是一条垂直线。非理想电容器在高频区有一个半圆，中频区存在一个接近 45°的 Warburg 区域，在低频区逐渐过渡成一直线。由多孔电极表面的粗糙度和孔隙的不均匀性，引起充放电过程中电解液离子受扩散控制的移动行为。在高频区，由于电解液离子可以进入内部大的空隙，电阻较小；随着频率的降低，电解液离子通过扩散进入电极内部的孔隙，使得电容值有很大的提高，同时阻抗也随之增加；在低频段，如果阻抗曲线垂直于 Z_{real} 轴，出现“电荷饱和”，则说明在此频率以下电容器的大部分电容量均可得以有效利用。

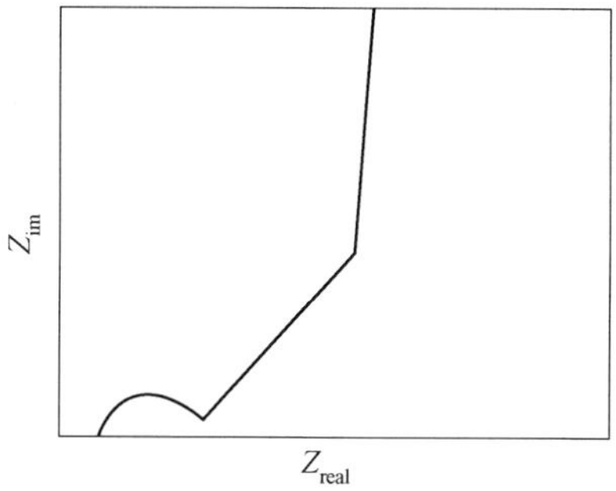

图 1-5 复平面阻抗谱图

2　Co_3O_4 电极材料的电化学性能分析

水热法[114]是制备具有特殊功能或结构的化合物及新型材料的有效方法。水热合成法是指在密闭的反应体系中，以液体为溶剂，在一定温度、保温时间和水溶液的高温下的自生压力下，反应物之间进行化学反应生成产物。水热技术的优点是：通过选择适当的反应温度、时间、填充率和溶剂，能较容易地合成纳米颗粒、晶须、棒、管等各种纳米结构的产品；同时，化学反应在封闭容器中进行，避免了组分的挥发，有利于提高反应产物的纯度及保护环境。

钴属于Ⅷ族元素，常见的化合价为+2 价、+3 价。Co_3O_4 中的氧化数为 8/3，Co_3O_4 常被认为 $CoO \cdot Co_2O_3$，超细粉体为黑色或蓝紫色粉末，不溶于水，可溶解于浓强酸，具有很强的氧化性。Co_3O_4 与 Fe_3O_4 不同，它属于正常的 AB_2O_4 型尖晶石结构，Co^{2+} 占据四面体位（8a），Co^{3+} 占据八面体位（16d），氧原子占据（32e）位置，如图 2-1 所示。Co_3O_4 具有高的晶体场稳定性能，在低于 353 K 的空气中非常稳定，高于 1180 K 时会逐渐被还原成 CoO，这说明其具有过渡金属氧化物的典型特点，其用途较广泛[115]。另一方面，Co_3O_4 具有价格便宜、耐腐蚀、环境友好、插层赝电容、高的效率及长循环寿命等优点，因此被应用于超级电容器材料，水热法制备 Co_3O_4 电极材料将具有比较重要的意义。

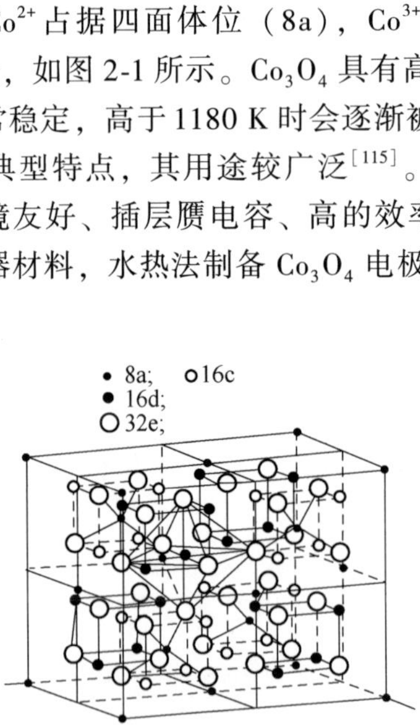

图 2-1　Co_3O_4 的空间结构示意图

2.1 球形 Co_3O_4 电极材料分析

2.1.1 实验部分

取 0.015 mol 的 $Co(NO_3)_2 \cdot 6H_2O$，放入烧杯中，加少量水溶解，在磁力搅拌下先后滴加聚乙二醇溶液（50 g/L）和 NH_3-NH_4Cl 缓冲液（pH = 10）各 10 mL，最后滴加 8 mL H_2O_2，搅拌 30 min。加入正丁醇搅拌 20 min，将此混合液装进容积为 100 mL 内附聚四氟乙烯不锈钢高压反应釜内，再加入 15 mL 正丁醇使填装度为 70%，密封后于 200 ℃下反应 16 h，自然冷却至室温，将反应混合物离心分离，所得的黑色沉淀依次用去离子水和无水乙醇各洗涤 3 次，80 ℃真空干燥 12 h 得到最终产物。实验的反应方程式为：

$$Co(NO_3)_2 + NH_3 \cdot H_2O \longrightarrow Co(OH)_2 + NH_4NO_3 \tag{2-1}$$

$$Co(OH)_2 + H_2O_2 \longrightarrow Co_3O_4 + H_2O \tag{2-2}$$

其具体工艺流程如图 2-2 所示。

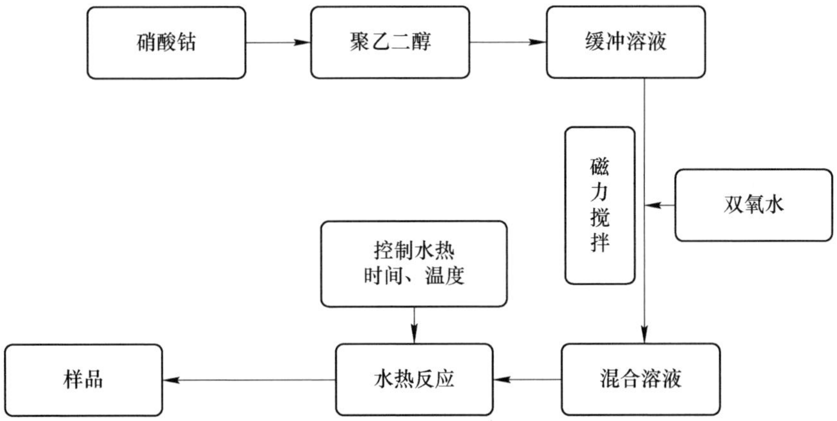

图 2-2 材料制备流程

2.1.2 材料的相组成及结构分析

2.1.2.1 XRD 分析

图 2-3 是 120 ℃保温 16 h 所得产物的 XRD 结果，由图可以看出，产物与 JCPDS(78-1970) 卡上的 Co_3O_4 的衍射数据一致，并且无明显的杂质峰存在，这说明在此条件下所制备的样品为纯相的 Co_3O_4 粉末。由谢乐公式可以计算出，一次晶粒平均是由 13 nm 的晶粒所组成。

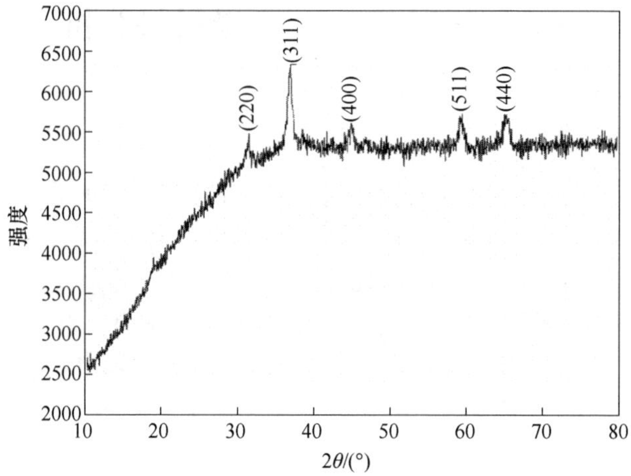

图 2-3　120 ℃水热保温 16 h 所得产物的 XRD

2.1.2.2　形貌观察及生长机理分析

从图 2-4（a）（b）可以看出，材料整体呈现出相对均一的球状结构，微球的直径为 1~6 μm。由图 2-4（c）可以看出，这些微米球是由 5~10 nm 的小颗粒组成的多层次结构，颗粒大小与 XRD 结果基本一致。从图 2-4（d）看出，晶格间距为 2.857 nm 和 2.322 nm，分别对应 Co_3O_4 的（220）和（222）晶面，这说明晶体沿着这两个面的方向生长。为了确定球形颗粒表面不光滑部分的成分，做了能谱分析［见图 2-4(e)］，Co 与 O 的原子比例大约为 4∶3，这说明所制备的样品是 Co_3O_4 粉末。由此可知，在此实验条件下能够得到由纳米颗粒组成的多层次结构 Co_3O_4 微球状粉末，这种球形多层次结构有助于电解液中的 OH^- 向电极活性材料的转移，以及在氧化还原相之间的扩散，所以它为材料的高比容量提供了一个重要的形态基础。

上述 Co_3O_4 粉末呈球形的机理可能是：在反应中加入 H_2O_2，反应体系中形成 $[Co(NH_3)_6]^{3+}$ 离子，根据生长基元理论[116]，具有与晶胞结构和晶体对称性一致的负离子(个别为正离子）配位多面体，形成晶体的稳定性最高。因此，形成 Co_3O_4 的机理是 Co^{2+} 与 OH^- 结合形成四配位$[Co(OH)_4]^{2-}$（有 NH_3^- 存在的条件下，也会有$[Co(NH_3)_4]^{2-}$ 共存），多面体$[Co(NH_3)_6]^{3-}$ 中的 NH_3^- 配体被 OH^- 取代，形成六配位$[Co(OH)_6]^{3-}$ 多面体，$[Co(OH)_4]^{2-}$ 与$[Co(OH)_6]^{3-}$ 配位多面体生长基元再按一定方式(共面、共棱）连接、缩水、成核生长，形成尖晶石型结构。若体系中$[Co(NH_3)_6]^{3+}$ 与 Co^{2+} 二者的摩尔比小于 1.8 时，产物中存在 $Co(OH)_2$ 杂相；摩尔比大于 2.2 时，则有 CoOOH 杂相。与 $Co(OH)_2$、CoOOH 相比，Co_3O_4 是结构最稳定、体系能量最低的化合物，在 Co^{3+} 与 Co^{2+} 的羟

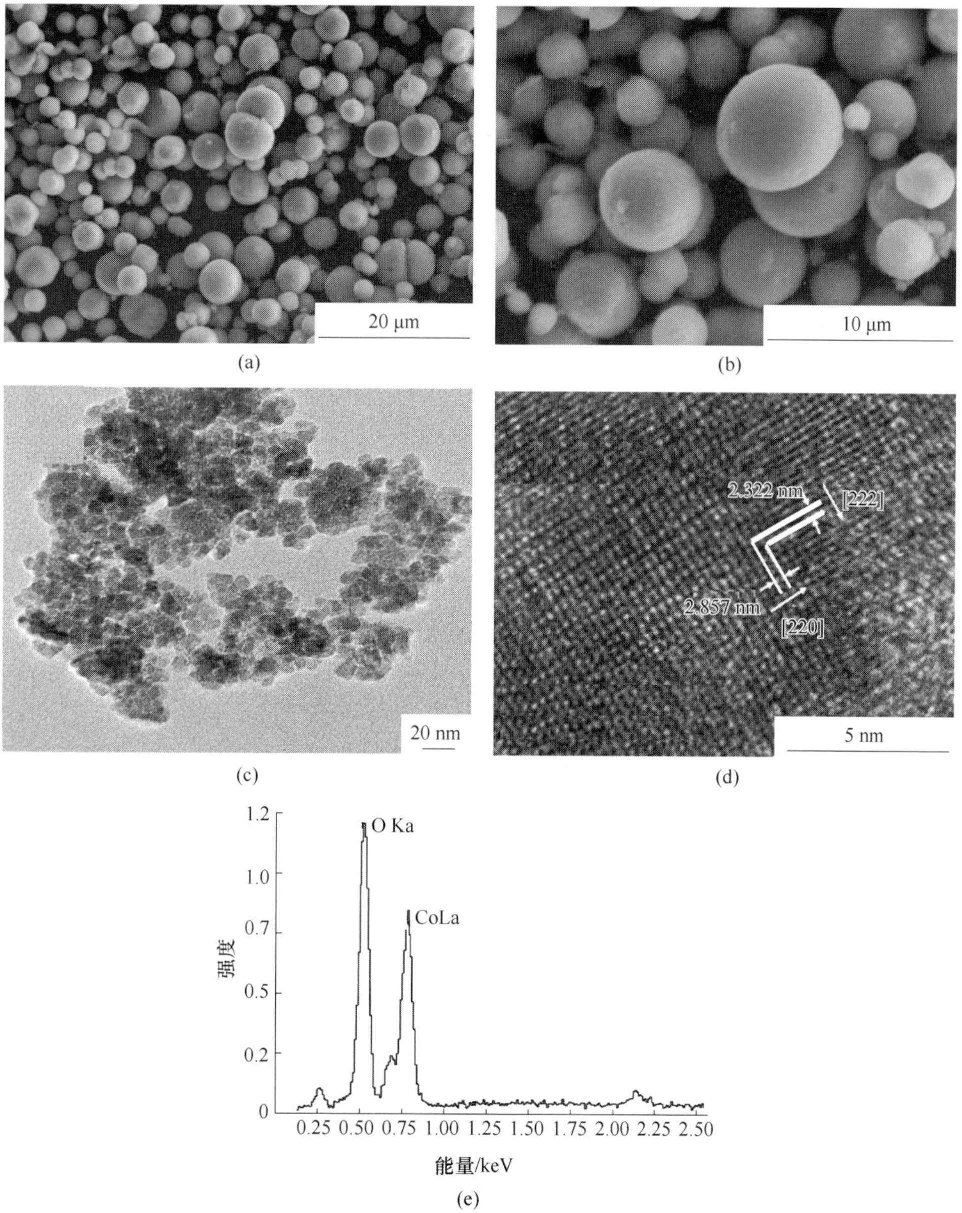

图 2-4 不同时间保温下产物分析图（120 ℃，16 h）
（a）（b）SEM；（c）（d）TEM；（e）EDX

基配合物摩尔比为 2∶1 的均匀混合体系中，无须远距离迁移即可相互连接，缩水形成能量最低的 Co_3O_4；相比之下，Co^{3+} 与 Co^{2+} 羟基化配合物自身之间相互碰撞形成 $Co(OH)_2$、CoOOH 的概率小，难以形成超过临界核半径的晶胚[117]，因

而没有 $Co(OH)_2$ 或 CoOOH 析出。理论上，Co_3O_4 中 Co^{3+} 与 Co^{2+} 的原子比是 2∶1，而实际实验中 $[Co(NH_3)_6]^{3-}$ 与 Co^{2+} 的摩尔比为 1.8~2.2，这与 Co^{2+} 在碱性溶液中部分被氧化，以及 $[Co(NH_3)_6]^{3+}$ 不能 100%被 OH^- 取代转变成 $[Co(OH)_6]^{3-}$ 有关。实际反应体系中 $[Co(NH_3)_6]^{3+}$ 是略过量的。不同温度制备的 Co_3O_4 的结晶度、晶粒尺寸大小及其分布宽度，随着温度升高递增至最大值后递减，这与 OH^- 取代 $[Co(NH_3)_6]^{3+}$ 的速度生成 Co_3O_4 晶核数量、晶粒聚集生长方式有关[118]。聚集生长方式包括两种方式：第一种是指物料从粒径较小的晶粒向粒径较大的晶粒输送重结晶过程；第二种是指小晶粒互相聚集，由于小晶粒表面活性高，某些显露的晶面结构相容而在一定的条件下实现配向生长。在体系中其成核过程是非均匀成核过程，晶粒长大的同时不断有新的晶核生成，随着反应温度，OH^- 取代 $[Co(NH_3)_6]^{3-}$ 生成 $[Co(OH)_6]^{3-}$ 的速度与形成晶核的速度加快，$[Co(OH)_6]^{3-}$ 配位体能量升高，连接、缩水的能力不断增强，使得非晶成分减少，结晶度不断提高；在整个制备的过程中形貌的形成与转变，与被吸附于 Co_3O_4 晶粒表面 NH_4^+ 浓度有关。本节实验中是第二类生长方式，在小晶粒聚集成球形 Co_3O_4 颗粒。

2.1.3　工作电位区间选择与反应机理探讨

2.1.3.1　工作电位区间选择

本节实验是把在 120 ℃水热 16 h 合成的 Co_3O_4 样品制备成电极。因为许多文献中选择的电位区间不同，所以在本节实验条件下考察不同电位区间的电容性能，从而确定其最佳工作电位区间。

根据超级电容器的自身特点，电极工作电位区间应满足以下条件。

（1）在循环伏安曲线中，该区间内电流响应几乎不随电位的变化而变化，即区间内不应出现较明显的电流峰（包括电极活性物质的氧化还原峰和析氧析氢峰）；电位反向时刻至反向后响应电流达到最大值所需时间应较短；阴极过程和阳极过程应基本对称。

（2）在恒流充/放电过程中，电位与时间呈良好的线性关系，即曲线斜率 dV/dt 恒定，且充/放电曲线具有明显的三角形对称分布。

图 2-5（a）给出了 Co_3O_4 电极在 6 mol/L KOH 电解质中以 5 mV/s 扫描速度下不同电位区间的循环伏安曲线。由图 2-5（a）可以看出在−0.3~0 V 区间，响应电流值较小且不随电位变化而变化；在 0.1~0.2 V 区间，响应电流值较大且不随电位变化而变化。0~0.1 V 是前两个区间的过渡区；当电位超过 0.45 V 以后，响应电流从稳定状态陡然变化且极化较严重，并在极化到 0.6 V 时电极上有大量的气泡析出。

根据上述实验结果可知，该材料在−0.3~0.45 V 电位范围具有较好的电容特性，实验最终选择以 0~0.45 V 和 0~0.4 V 分别作为循环伏安和恒流充/放电的最佳工作区间。

2.1.3.2 反应机理探讨

为比较深入地探讨活性电极材料的反应机理与反应过程，以 0~0.45 V 和 -0.1~0.5 V 电位区间为例进行比较分析。

从图 2-5（b）伏安曲线中可以看出，当扫描的工作电位上限为 0.45V 时，循环伏安曲线表现出明显的赝电容特征且没有明显的极化现象，当电位上限超过 0.45 V 则出现了明显的极化现象，此时已经偏离了电容的性质。将循环伏安曲线分为 A、B、C 三个区域，根据文献推断[119]，A 区域主要是以 H^+ 或 K^+ 吸脱附所产生的双电层电容为主；C 区域主要以 Co_3O_4 活性物质的法拉第反应为主（该法拉第表现为准电容特性）；B 区域是 A、C 两区域的过渡阶段。由于法拉第准电容一般情况下要大于双电层电容，循环伏安曲线中表现出：C 区域电容明显大于 A 区域电容，且在相应的充放电曲线中表现出 0~0.1 V 电位范围曲线斜率较大，在 0.2~0.45 V 电位范围曲线斜率较小。

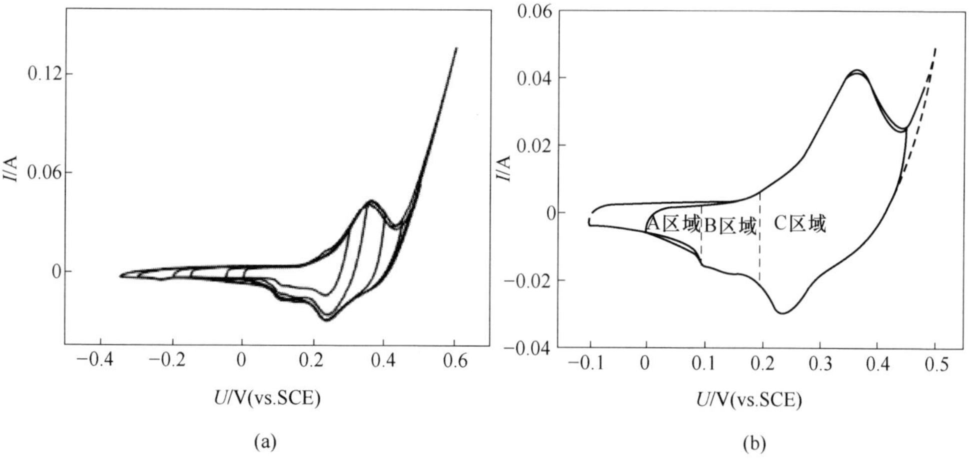

图 2-5 不同电位区间下的循环伏安曲线

为了更深入地了解反应机理，对 Co_3O_4 电极材料在不同的电压范围进行恒流充/放电测试，在 6 mol/L 的 KOH 电解液中以 20 mA/cm^2 的电流密度进行恒流充/放电测试，如图 2-6 所示。从图 2-6（a）可以看出，当充/放电电位上限为 0.4 V 时，在整个电化学反应过程中，充电时间为 79.2 s，放电时间为 78.9 s，该过程的安时效率为 99.62%，这表明电极反应的可逆程度较高，这表现出优良的电化学性能。安时效率的公式为：

$$安时效率(\%)=\frac{(放电电流\times放电时间)}{(充电电流\times充电时间)}\times100\% \tag{2-3}$$

在图 2-6（b）中，当电位上限取 0.45 V 时，充电时间约为 103.8 s，放电时间约为 90.1 s，安时效率仅为 86.80%，这表明该过程除了 Co_3O_4 活性物质自身的法拉第反应外，还存在其他不可逆的副反应，使得安时效率下降，电化学性能稍微变差。

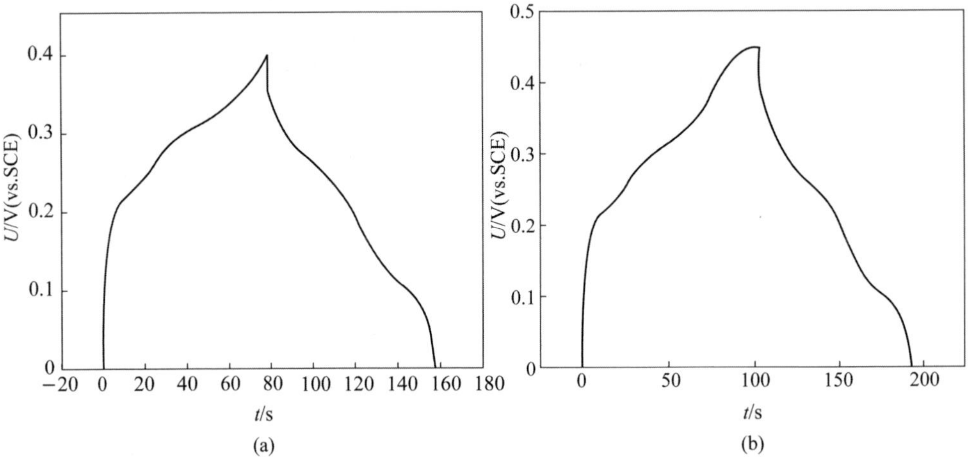

图 2-6　不同电位区间下的恒流充/放电曲线

（a）0～0.4 V；（b）0～0.45 V

在 0～0.45 V 电位区间的恒流充/放电的条件下，根据电极上涂覆的 Co_3O_4 活性物质的质量为 11.32 mg 计算，如果将其完全转化为 CoOOH 和 CoO_2，其理论值分别为 4.54 C 或 18.14 C，但是实际的充电电量计算仅为 2.076 C（分别为理论值的 45.73%和 11.44%），这说明法拉第反应被限制于 Co_3O_4 活性物质的表面，颗粒内部则无法参与反应。图 2-7 形象地表示了电极活性物质的正常充电过程与放电过程。

图 2-7（a）（b）是由于发生电化学反应，还原态的 Co_3O_4 向氧化态的 CoOOH 和 CoO_2 的转化过程。当充电电位达到 0.4 V 时，Co_3O_4 电极颗粒表面绝大部分已经转化为 CoOOH 和 CoO_2。在之后的电化学反应中的电位 0.4～0.45 V 区间，由于外界仍继续以恒定电流对该活性材料电极充电，此时电极表面可供反应的 Co_3O_4 活性物质已经不足以提供这样的电流，因此溶液中 OH^- 开始分解析氧，该过程中有吸附态的氧原子生成，同时也有氧分子的生成并溶解于电解液中，反应步骤为：

$$OH^- \longrightarrow OH_{ads} + e^- \tag{2-4}$$

$$OH_{ads} + OH^- \longrightarrow O^-_{ads} + H_2O \tag{2-5}$$

$$2CoOOH + O^-_{ads} \longrightarrow 2CoO_2 + H_2O + e^- \tag{2-6}$$

$$CoO_2 + OH_{ads} \longrightarrow CoOOH + O_{ads} \tag{2-7}$$

$$2O_{ads} \longrightarrow O_2 \tag{2-8}$$

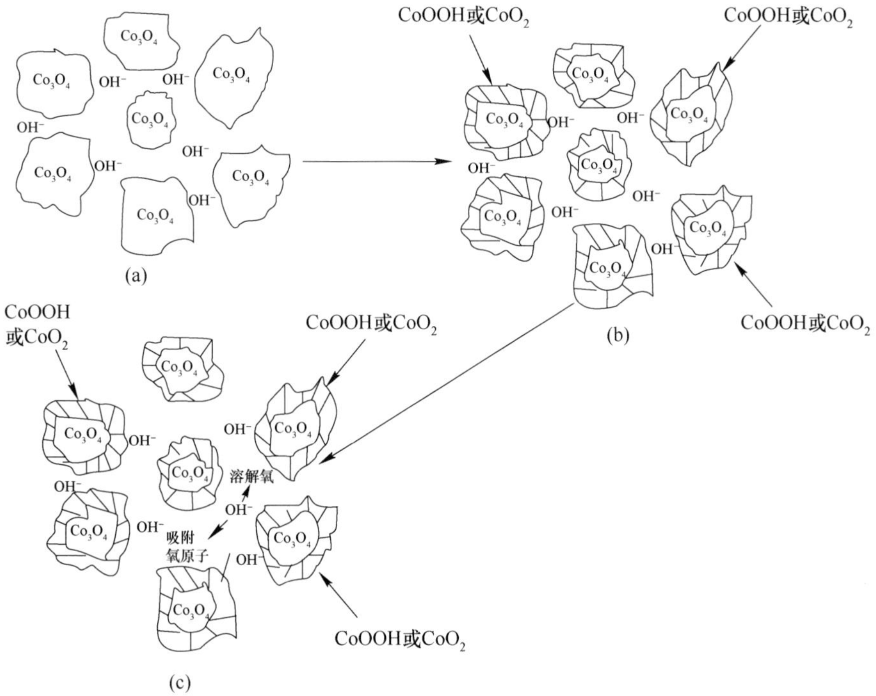

图 2-7 充/放电过程示意图

(a) 还原态的 Co_3O_4；(b) 氧化态的 CoOOH 和 CoO_2；(c) 溶解与吸附氧还原过程

当电位达到 0.45 V 后，电极开始以相反的电流密度进行放电。在 0.26~0.45 V 的放电初期，氧化态的 CoO_2 得到电子被转变为还原态的 CoOOH，与此同时吸附于 CoO_2 表面的氧原子得电子还原为 OH^-。当电位继续降到 0.12 V 时，此时的 CoOOH 继续得电子被还原成 Co_3O_4，而表面的吸附的氧原子得电子还原为 OH^-。当电位到达 0.12 V 时，吸附态的氧原子已被完全还原，之后仅为 CoOOH 的放电过程，因此在 0~0.12 V 区间下降速度变快，斜率变大。此外，整个过程中生成的溶解氧在浓度差的作用下不断向溶液主体扩散，而没有参与还原，因此导致放电电量要远小于充电电量，使得安时效率降低。

另外，Co_3O_4 电极在 2 mol/L KOH 碱性电解液中的析氧总反应为：

$$OH^- \longrightarrow O_2 + 2H_2O + 4e^- \tag{2-9}$$

根据能斯特方程[120]，氧电极平衡电位为：

$$\varphi_{平} = \varphi_0 + \frac{2.3RT}{4F}\ln\frac{\gamma_0 c_O^s}{\gamma_{OH^-} - c_R^s} \tag{2-10}$$

式中 $\varphi_{平}$——某一浓度下的电极电势；

φ_0——标准电极电势；

R——气体常数；

T——温度；

F——法拉第常数；

c_O^s——氧化型物质的浓度；

c_R^s——还原型物质的浓度；

γ_0——反应离子 O 在 c_O^s 浓度下的活度系数；

γ_{OH^-}——反应物 R 在 c_R^s 浓度下的活度系数。

标准电势可由标准电极电位数据手册查得。

对于此实验中，$T = 298$ K，$\varphi_0 = 0.2412$ V(vs. SCE)，$R = 8.314$ J/(K · mol)，$F = 96485$ C/mol，$\gamma_0 = 0.21$，$c_O^s = 101325$ Pa，$\gamma_{OH^-} = 0.89$，$c_R^s = 2$ mol/L。由此可以计算得到 $\varphi_{平} = 0.3798$ V，从而得到 $\Delta\varphi = 0.1386$ V。因此，该材料的析氧过电位 $\eta > 0.4 \text{ V} - 0.1386 \text{ V} = 0.2614$ V，这说明所制备的多层次结构球形 Co_3O_4 电极材料具有较高的析氧过电位，这为该材料具有良好的电化学性能奠定良好的基础。

2.1.4 电化学性能分析

2.1.4.1 循环伏安测试

法拉第准电容器的电容主要来源于电极材料自身的氧化还原过程，可以通过循环伏安图的阳极电流或阴极电流来评价其电容性能。图 2-8 是不同扫描速度下 Co_3O_4 样品在特定化学状态下的循环伏安曲线，其中电解液为 6 mol/L KOH，扫描电位范围为 0~0.45 V。由图 2-8（a）可知，在扫描电势范围内，出现成对的法拉第氧化还原峰，这表明电极发生了法拉第氧化还原反应，且材料具备典型的赝电容特性。其中，P1 峰（0.26 V）是 Co^{2+} 氧化成 Co^{3+} 的过程，P2 峰（0.07 V）是其逆过程［对应方程（2-11）］；P3 峰（0.34 V）是 Co^{3+} 氧化成 Co^{4+} 的过程，P4 峰（0.25 V）是 Co^{4+} 还原成 Co^{3+} 的过程［对应方程（2-12）］。Co_3O_4 电极充电时，Co_3O_4 吸附溶液中的 OH^-，被氧化成 CoOOH；同时 CoOOH 吸附溶液中的 OH^-，被氧化成 CoO_2。放电时，CoO_2 接收一个电子还原为 CoOOH，同时 CoOOH 接收一个电子还原为 Co_3O_4。此过程为[121]：

$$Co_3O_4 + H_2O + OH^- \rightleftharpoons 3CoOOH + e^- \tag{2-11}$$

$$CoOOH + OH^- \rightleftharpoons CoO_2 + H_2O + e^- \tag{2-12}$$

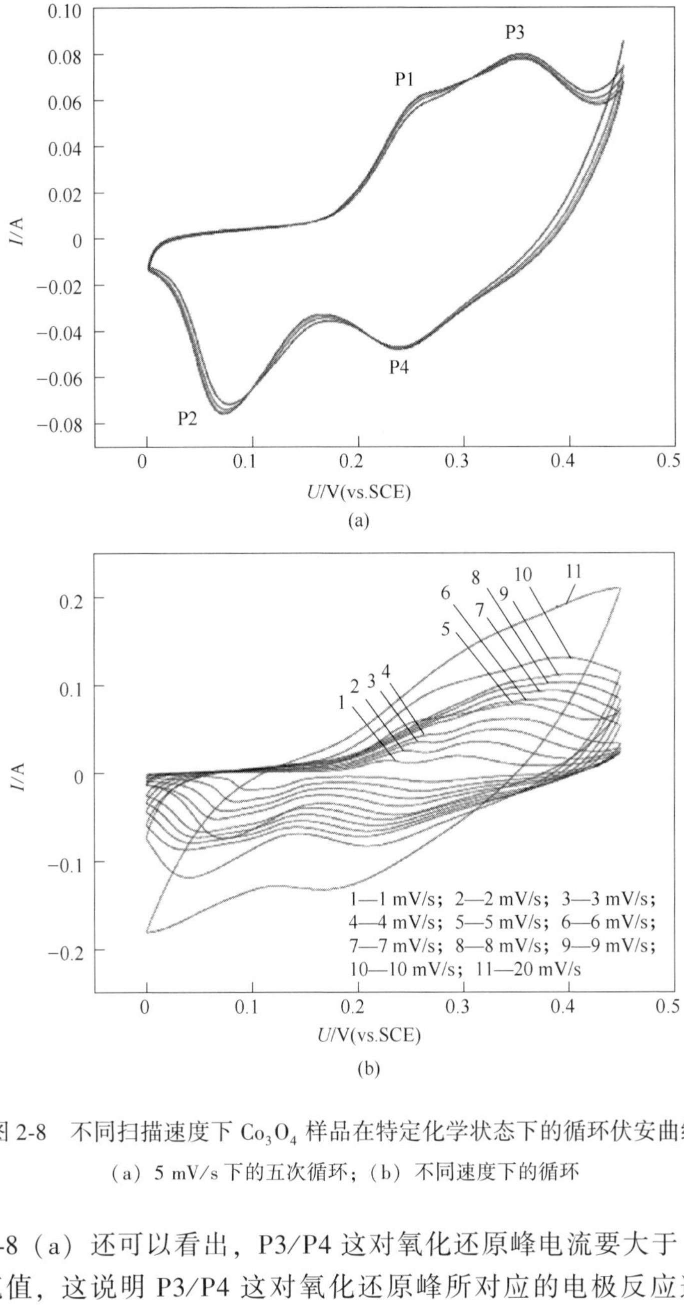

图 2-8 不同扫描速度下 Co_3O_4 样品在特定化学状态下的循环伏安曲线

（a）5 mV/s 下的五次循环；（b）不同速度下的循环

从图 2-8（a）还可以看出，P3/P4 这对氧化还原峰电流要大于 P1/P2 所对应的峰电流值，这说明 P3/P4 这对氧化还原峰所对应的电极反应速率要大于 P1/P2 所对应的电极反应速率。同时，五次循环伏安都有较好的重合性，这说明 Co_3O_4 样品具有好的电化学稳定性。

图 2-8（b）为不同扫描速度下的循环伏安曲线，从图中可以看出，当扫描速度增加时，阳极峰位正移，而阴极的峰位负移，峰位电位差逐步增加，氧化还

原峰由两对逐渐变成一对，这表明随着扫描速度的增大，电极的极化增强，反应的不可逆性加强。另外，电势对电流的响应主要依赖于电势的变化而不依赖于电流，即循环伏安曲线的电流随着扫描速率的增加而增加，这种对应关系也可以说明该材料具有快速充/放电特性。

2.1.4.2　恒流充/放电测试

图 2-9（a）是水热 120 ℃下 16 h 的 Co_3O_4 样品的充/放电曲线（电解液为 6 mol/L KOH），由图可知，充/放电曲线呈现较好的对称性，这说明具有较高的充放电效率。图 2-9（b）是在不同电流密度下的放电曲线，由图可以看出随着电流密度的增大，放电时间减小。表 2-1 是样品在 6 mol/L KOH 电解液中，不同电流密度下的充/放电比容量。由表 2-1 可知，在整个电流密度范围内都保持了较高的比电容，这主要是因为纳米颗粒组成的多层次结构球形的 Co_3O_4 电极材料更有利于电解液中的 OH^- 发生嵌入与脱出的电化学反应，进而提高电化学性能。当电极恒流充/放电电流从 2 mA/cm^2 升至 30 mA/cm^2 时，放电比容量均有所减小，充电比电容由电流密度 2 mA/cm^2 时的 680.10 F/g 降低至 30 mA/cm^2 时的 457.87 F/g，放电比电容由 2 mA/cm^2 时的 653.73 F/g 降低至 30 mA/cm^2 时的 451.78 F/g。这是因为当大电流充/放电时，电极上会短时间吸附大量的电解液离子，造成电极与电解液界面处的电解液离子浓度急速下降，而电解液中离子的扩散传质速率相对较慢，不能满足电极充电所需的离子数，造成电极上由液相扩散引起的极化增大。当形成控制步骤时，即使外加电位不断上升，电极上电荷增加的速率也相对较慢，从而引起电极在大电流下的容量损失。并且由表 2-1 可知，除了在电流密度为 4 mA/cm^2、充/放电效率在 88.69%外，在其他电流密度下，随着扫描速度的增大，其充/放电效率基本保持在 90%以上，这说明所制备的多层次结构的球形 Co_3O_4 材料的特殊结构使其保持具有高的充/放电电化学性能。

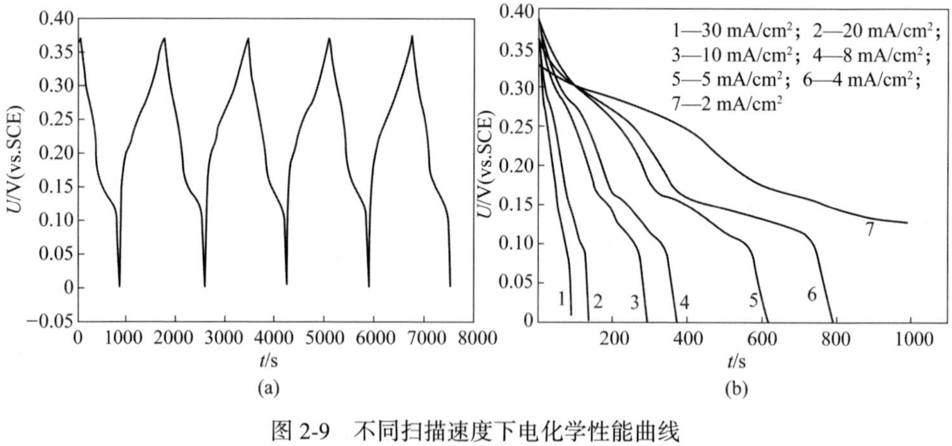

图 2-9　不同扫描速度下电化学性能曲线

（a）4 mA/cm^2 充/放电曲线；（b）不同电流密度恒流放电曲线

表 2-1 不同电流密度下的比电容

电流密度/(mA · cm^{-2})	2	4	5	8	10	20	30
充电比电容/(F · g^{-1})	680.10	650.11	559.22	522.50	513.20	479.19	457.87
放电比电容/(F · g^{-1})	653.73	576.58	517.60	500.85	495.77	470.39	451.78
充/放电效率/%	96.12	88.69	92.56	95.86	96.60	98.16	98.67

由以上分析可知，在实验中制备的多层次结构微球具有高的比电容，且有保持高充/放电效率的特性。

2.1.4.3 电解液浓度对电化学性能的影响

图 2-10 为不同浓度 KOH 电解液电化学性能曲线。图 2-10（a）为不同浓度 KOH 电解液的循环伏安曲线，从图中可以看出，电解液浓度对 Co_3O_4 电极的影响比较显著。从基本趋势上看，随着电解液浓度的增加，电极的电容性能增强，循环伏安曲线所围成的区域面积变大，电容容量提高；同时，氧化峰、还原峰均随着浓度的增加而向负电位方向偏移，具体的数值见表 2-2。由表 2-2 可知，KOH 浓度为 8 mol/L 和 10 mol/L 时表现最为明显，它们分别在 0.31 V（vs. SCE）和 0.34 V（vs. SCE）附近出现较宽氧化峰，区别于其他曲线，该氧化峰对应 Co^{3+}/Co^{2+} 的电化学过程。

图 2-10（b）为不同浓度 KOH 电解液下的恒流放电曲线，其中电流密度为 4 mA/cm^2。在恒流充/放电中，从放电曲线可以看出，随着 KOH 电解液浓度的提高，电极的放电时间增加，电极的电容容量明显增大；同时，放电曲线都在同一曲线上出现不同斜率的情况。以 2 mol/L KOH 为例，0.4 V 到 0.2 V 的曲线斜率，明显小于 0.2 V 以下的曲线斜率，而这两部分曲线分别对应 Co^{3+}/Co^{4+} 和 Co^{2+}/Co^{3+} 两个电极反应，曲线的斜率也表明 Co^{3+}/Co^{4+} 有着比 Co^{2+}/Co^{3+} 更好的电

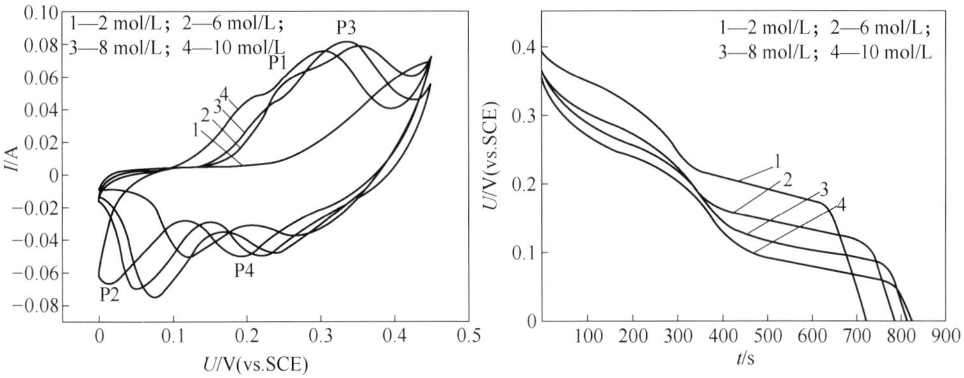

图 2-10 不同浓度 KOH 电解液浓度电化学性能曲线

（a）5 mV/s 循环伏安曲线；（b）4 mA/cm^2 恒流放电曲线

容性能。随着 KOH 电解液浓度的增加，出现斜率的转折的电位从 2 mol/L 时的 0. 2 V，降到 10 mol/L 时的 0. 1 V，这一点与循环伏安曲线是一致的。由此说明电解液浓度是影响放电时间的重要因素之一。

表 2-2　Co_3O_4 电极材料在不同浓度电解液中的电极电位数值

溶液浓度 /(mol · L^{-1})	电极电位/mV							
	E_{R1}	E_{O1}	E_{R2}	E_{O2}	E_{OE}	$E_{O1}-E_{R1}$	$E_{O2}-E_{R2}$	$E_{OE}-E_{O2}$
2	117	433	281	433	450	316	152	17
6	70	249	242	361	450	179	119	89
8	49	229	218	334	450	180	116	116
10	9	203	187	309	450	194	122	141

表 2-3 为 Co_3O_4 电极材料在不同浓度 KOH 电解液（4 mA/cm^2）时的充/放电比电容，由表可知，当电流密度为 4 mA/cm^2、KOH 浓度为 10 mol/L 时，具有最高的充/放电比电容，充/放电比电容最高可达 740. 8 F/g 和 620. 30 F/g，这表明提高电解液的浓度有利于电极与电解液界面间的氧化还原反应的进行，提高可获得的电容器的赝电容；同时，高浓度电解液也有利于获得高于低浓度电解液的双电层电容，所以高的 KOH 电解液浓度能够得到较高的比电容。

表 2-3　Co_3O_4 电极材料在不同浓度 KOH 电解液时的充/放电比电容（4 mA/cm^2）

电解液浓度/(mol · L^{-1})	2	6	8	10
充电比电容/(F · g^{-1})	515. 3	650. 1	731. 84	740. 8
放电比电容/(F · g^{-1})	490. 0	576. 6	595. 60	620. 30

图 2-11 为不同浓度 KOH 电解液中的交流阻抗 Nyquist 曲线，测试电压在各自的开路电压下（不同浓度电解液开路电压分别为：2 mol/L KOH 时为 0. 175 V，6 mol/L KOH 时为 0. 143 V，8 mol/L KOH 时为 0. 11V，10 mol/L KOH 时为 0. 129 V），测试频率范围为 10^{-2} ~ 10^5 Hz，交流信号幅值为 5 mV，右上角为高频区放大图。由图 2-11 可知，在所测试的不同浓度的 KOH 电解液中的阻抗曲线中，高频区的半圆弧都很小，这表明电极/电解质界面的电荷转移电阻较小；低频段为一倾斜角较大的直线，呈现出明显的容抗特性。较低的界面电荷转移电阻表明电极法拉第反应的动力学性能较好，对电极的比容量和大电流放电性能有利。通过比较不同 KOH 电解液的不同可知，不同电解液浓度对电容器的等效串联电阻也有影响，随着溶液浓度的增加，等效串联电阻呈现下降的趋势，其中 10 mol/L 的 KOH 作为电解液时具有最小的内阻，这也说明提高电解液浓度有利于质子的迁移扩散，有利于氧化还原反应的进行。随着电解液浓度的提高，电容

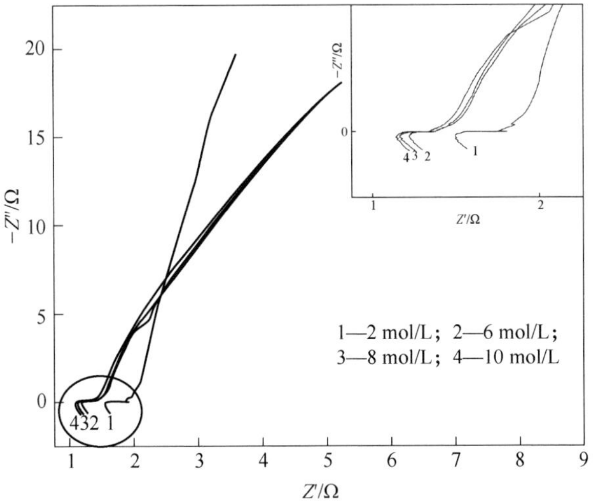

图 2-11 不同浓度 KOH 电解液的交流阻抗曲线

器的等效串联电阻呈现出下降的趋势，这说明高浓度的电解液更有利于水溶液电离出质子，降低浓度极化对充/放电过程的影响。

从以上分析来看，随着 KOH 浓度的增大，电容性能越好。但是由于实际应用的限制，事实上并不是 KOH 浓度越大越好。KOH 浓度过大，长时间放置时 KOH 比较容易出现晶体的析出——爬盐现象，使电解液浓度改变，电解液稳定性变差。另外，过强的碱性电解液也会因泄漏等问题的发生带来较大的安全隐患。因此，通常选用 6mol/L KOH 电解液作为 Co_3O_4 电极材料的电解液。

2.1.4.4 不同碱性电解液对电化学性能的影响

本节主要采用浓度为 2 mol/L 的 KOH、NaOH、LiOH 溶液，考察不同碱性电解液对 Co_3O_4 电极性能的影响。循环伏安测试结果如图 2-12（a）所示，结果显示，Co_3O_4 电极材料在三种碱性电解液中的循环伏安曲线的形状基本相同，具有明显的氧化还原峰，都表现出赝电容特征，同时其峰的位置以 LiOH、NaOH、KOH 的顺序依次向左移动。其积分面积以 KOH 的最大，NaOH 的其次，LiOH 的最小。这表明对于 Co_3O_4 电极材料来说，碱性电解液中以 KOH 为电解液时得到的比电容为最大的比电容，这可能是因为 K^+ 能够最适合且较好地进行嵌入（或脱嵌）电极内部，使得活性物质的利用率提高，从而使比电容达到较大的数值。因此，最常用 KOH 和 NaOH 作为电解液。

图 2-12（b）是 Co_3O_4 电极在不同碱性电解液中的充/放电曲线，测试范围为 0~0.4 V（vs. SCE），电流密度为 5 mA/cm^2。由图 2-12（b）可知，在各电解液中 Co_3O_4 电极材料表现出明显的赝电容特性，这表明碱性电解液是对 Co_3O_4 电极材料比较好的电解质。由比电容的计算公式可以计算出各样品的比容量，其中以

KOH 为电解液的比容量为 274.28 F/g，以 NaOH 为电解液的比容量为 248.03 F/g，以 LiOH 为电解液的比容量为 229.66 F/g，可见其比电容具体数值的大小规律与循环伏安的规律是一致的，同时也说明以 KOH 为电解液是对 Co_3O_4 电极材料较佳的电解质。

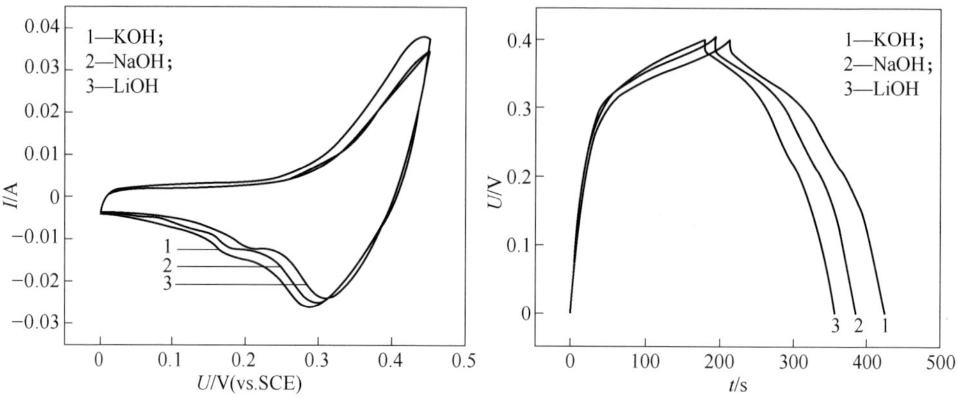

(a)　　(b)

图 2-12　不同碱性电解液电化学性能曲线

（a）5 mV/s 循环伏安曲线；（b）5 mA/cm² 恒流充/放电曲线

2.1.4.5　其他中性水系电解液对电化学性能的影响

中性电解液也可以用作 Co_3O_4 电极材料的电解液，本节实验的目的是进行电解液的选择。实验比较如下：

（1）实验过程所采用的电容活性物质接近相等质量来制备电极，且扫描速度均为 5 mV/s，根据循环伏安曲线中的曲线面积可初步粗略地判定比电容量的大小关系；

（2）由于电解液都为中性电解液，设置电压范围时将其设置为普遍适用的相同扫描范围，即中性电解液电压都选择 0~0.45 V；

（3）各种所用的电解液均配成 2 mol/L 的溶液；

（4）由于强酸性电解液不适合用在以泡沫镍为集流体的超级电容器中，本实验并未考虑强酸性水系电解液。

图 2-13 为各种水系电解液对 Co_3O_4 电容性能的影响，从图 2-13 中可以看出，在中性电解液中的钠盐、氨盐、钾盐都表现出较好的电容性能。相比之下，硝酸盐电解液较优于硫酸盐电解液的电化学性能。在所测试的中性电解液中，都未表现出明显的氧化还原峰。其中以 KNO_3 电解液的曲线面积最大，电容性能最好，通过比较可以发现，Co_3O_4 电极在 KNO_3 电解液中的电容性能更明显，在其循环伏安曲线的两端，电流响应的转变比其他电解液中的速度更快，这反映出具有较小的内阻；

而在 KNO_3 电解液中的循环伏安曲线与 NaF 电解液中的图形相似，但是在 KNO_3 电解液中的电流响应比在 NaF 电解液中大，因而比电容也相对较大。

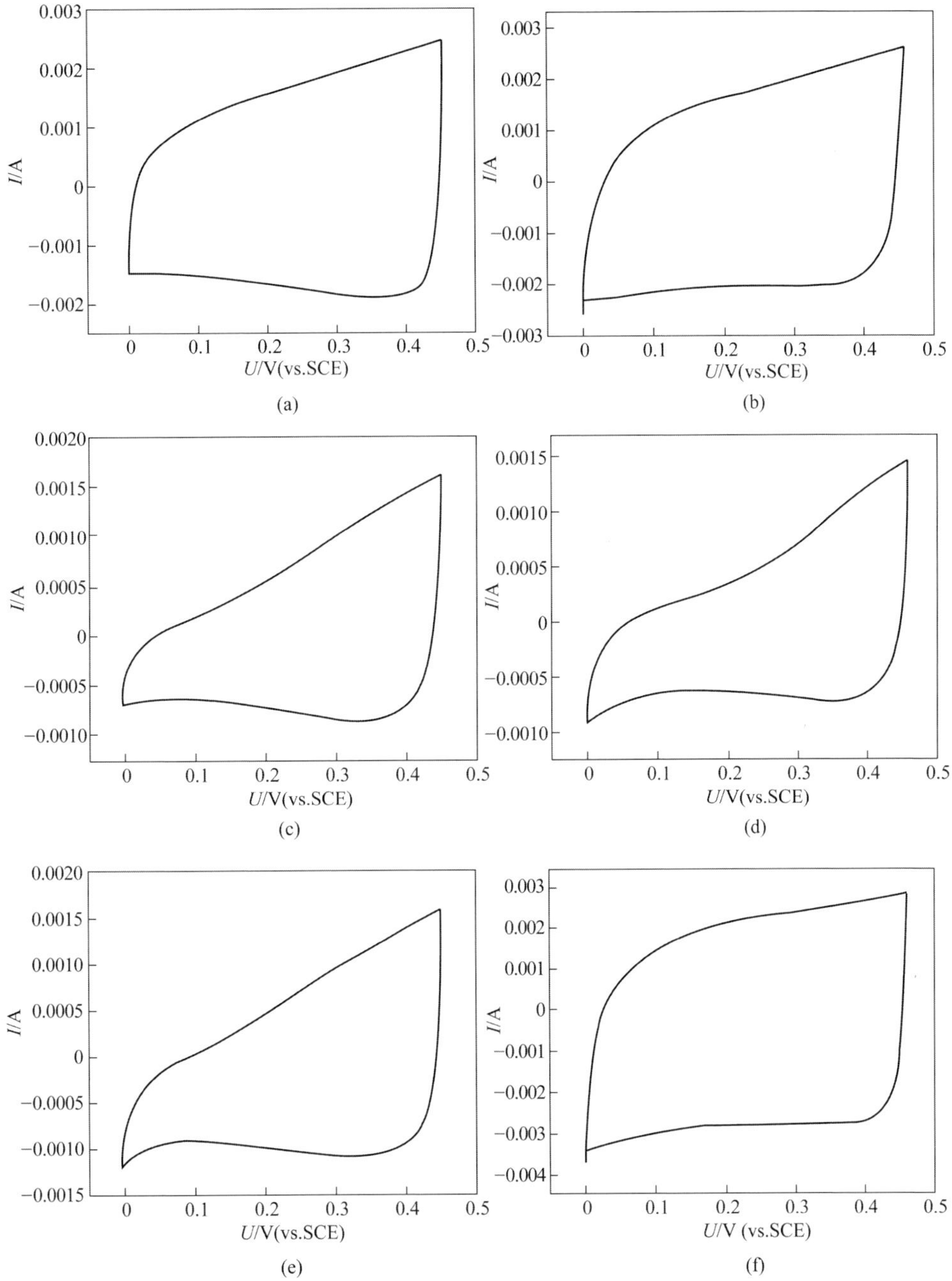

图 2-13 各种水系电解液对 Co_3O_4 电容性能的影响（5 mV/s）

（a）NaCl；（b）NaF；（c）Na_2SO_4；（d）$(NH_4)_2SO_4$；（e）NH_3NO_3；（f）KNO_3

表 2-4 为 Na^+ 和 K^+ 的离子半径、水合半径和电导率。由表 2-4 可以看出，Na^+ 的半径比 K^+ 的半径小，而水合 K^+ 比 Na^+ 半径小。一方面在水溶液中，K^+ 和 Na^+ 以水合离子形式存在，这导致水合钾离子比水合钠离子更容易在 Co_3O_4 电极的体相或表面发生快速、可逆的吸附/脱附，从而产生较高的赝电容；另一方面，K^+ 的溶液电导率比 Na^+ 高，这导致同样浓度下的钾盐电导率比钠盐高，从而使得 Co_3O_4 电极在钾盐溶液中的电流响应更快，因此 Co_3O_4 电极在钾盐电解质中比在钠盐电解质中有更好的电容行为。Co_3O_4 电极在 NaCl 电解液中有比较好的电容行为，但是在测试过程中观察到，电解液中出现浅绿色的絮状物，电极上发生了镍的溶解反应。这可能是因为电极上发生了泡沫镍集流体的溶解，使电解液变色。溶液中的 Cl^- 是促进金属镍腐蚀的原因；同时，在同样浓度 NH_4Cl 电解液的实验中，发现相同的现象，而且腐蚀更严重，溶液出现浅绿色。因此，在含有 Cl^- 的盐作为电解液进行测试时，不宜采用泡沫镍作为集流体，而应该采用性质较为稳定的金属（如 Ti）作为集流体。对于其他体系的超级电容器，建议用氯化物作为电解液时不能选用泡沫镍作为集流体。由循环伏安曲线积分可以粗略地算出在各种中性电解液中的比电容，见表 2-5。

表 2-4　Na^+ 和 K^+ 离子的晶体半径、水合半径和电导率

离子	晶体半径/nm	水合半径/nm	电导率/[$cm^2 \cdot (\Omega \cdot mol)^{-1}$]
Na^+	0.095	0.358	50.1
K^+	0.133	0.331	73.5

表 2-5　Co_3O_4 电极在不同中性电解液中的比电容

电解液种类	比电容/($F \cdot g^{-1}$)
NaCl	15.12
NaF	16.59
Na_2SO_4	6.47
$(NH_4)_2SO_4$	5.45
NH_4NO_3	7.12
KNO_3	21.73

由以上讨论可知，除了 KOH 外，硝酸盐、硫酸盐也可以作为超级电容器的电解液，但是硫酸盐中的 Na_2SO_4 溶解度比较小，长时间放置时，溶液中有电解质晶体析出，而且析出的晶体很容易析出到集流体上，容易造成短路，故不适合作电解液；另外，从表 2-5 可以看出，各中性电解液中的比电容均较小，而在 KOH 电解液中能得到比较优异的电化学性能，因此对于 Co_3O_4 电极材料来说，

最适合的电解液是 KOH 电解液。

综合以上分析可知，在 120 ℃水热 16 h 所制备的由纳米颗粒组成的多层次结构微球具有高的比电容特性。

2.2 层状 Co_3O_4 电极材料分析

本节主要是利用水热-热分解法制备多层次结构 Co_3O_4 电极材料，并对其进行电化学性能分析。热分解过程中由于局部规整作用[122-123]，分解产物与前驱物呈现出形貌的相似性，即继承性。这种继承性因前驱物的化学组成及热分解制度而产生差异。同时，过高的热分解温度及较长的煅烧保温时间，会使粒子出现烧结、二次成核再生长等现象，使粒子的粒度增大。

2.2.1 实验部分

将 10 mmol $Co(CH_3COO)_2 \cdot 4H_2O$ 溶于 10 mL 去离子水中，加入 15 mL 5%（质量分数）聚乙二醇（相对分子质量为 20000）和 15 mL 正丁醇配成溶液 A，将 10 mmol $H_2C_2O_4 \cdot 2H_2O$ 溶于 30 mL 去离子水中配成溶液 B，并在 30 ℃下进行磁力搅拌；将溶液 B 缓慢滴入溶液 A 中，滴加完后，将混合液移入 100 mL 内衬聚四氟乙烯的不锈钢高压反应釜内，装填度为 75%，密封后将其加热至 160 ℃保温 12 h，然后自然冷却至室温。将其中粉红色沉淀离心分离，依次用去离子水和无水乙醇各洗涤 3 次，在 80 ℃温度下干燥 6 h 得草酸钴前驱体，分别将前驱体于在 400 ℃温度下煅烧 3 h，并采用二段热分解方法（即在 350 ℃温度下煅烧 1 h 后再在 750 ℃温度下煅烧 2 h），得到 Co_3O_4 产物。其具体的工艺流程图如图 2-14 所示。

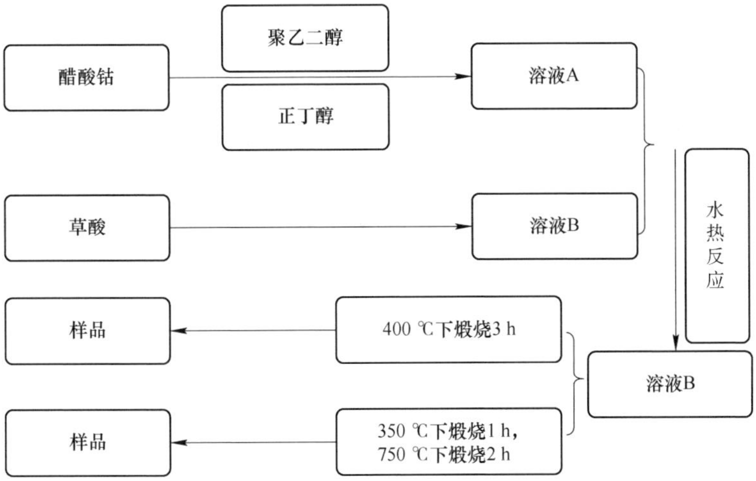

图 2-14 材料制备的工艺流程图

2.2.2　前驱体相组成及结构分析

2.2.2.1　XRD 分析

图 2-15 是水热法制备的前驱体 $CoC_2O_4 \cdot 2H_2O$ 的 XRD，从图 2-15 中可以看出，产物的衍射峰与 $CoC_2O_4 \cdot 2H_2O$ 的标准图谱 JCPDS（1-0296）是一致的，这表明制备的前驱体为 $CoC_2O_4 \cdot 2H_2O$，没有杂相出现。在此过程中发生的反应为：

$$Co(CH_3COO)_2 + H_2C_2O_4 \longrightarrow CoC_2O_4 + CH_3COOH \tag{2-13}$$

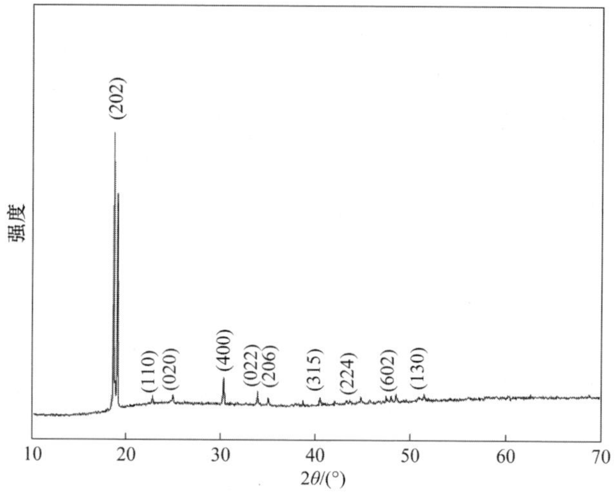

图 2-15　水热法制备的前驱体 $CoC_2O_4 \cdot 2H_2O$ 的 XRD

2.2.2.2　SEM 及生长机理分析

图 2-16 是前驱体 $CoC_2O_4 \cdot 2H_2O$ 的 SEM，从图中可以看出，实验所得到的 $CoC_2O_4 \cdot 2H_2O$ 样品具有四棱柱状且两端具有多面体结构。颗粒长度在 5 μm 左右，从大倍率图片可以看到多面体材料棱角分明，表面光滑、平整。

图 2-16　前驱体 $CoC_2O_4 \cdot 2H_2O$ 的 SEM

（a）×2000；（b）×5000

PEG 作为一种水溶性的非离子表面活性剂被广泛研究，其在水溶液中的作用机理主要是由 PEG 分子与水分子之间的相互作用决定的。PEG 在水中的可溶解性是由水分子与 PEG 高分子链中的氧可形成稳定氢键所决定的。PEG 是非离子性表面活性剂，因此它本身的特性不会受到离子浓度和 pH 值的影响，但是 PEG 长链在水溶液中的存在方式会受到这些因素的影响。理论和实验分析证明，PEG-水体系中存在分相区（雾化区），这一相区的相图位置受到环境温度，压力、离子浓度等多种因素的影响。这里参考本实验分析条件相近的 Bekiranov[124] 与 Bae[125] 的联合相图。在常压条件下，分相区的大小随 PEG 分子量的减少而被压缩，但区域中心变化不大，因此可以推测分析中所用的 PEG-20000 在平衡相图的中心区域。根据 Bekiranov 等的理论模型分析[126]，当系统压力升高时，有效的氢键数减少使得分相区变得更大，也就是说更容易在系统中产生分相现象。对于本实验分析所采用的水热反应温度［160 ℃(433K)］和相应的 PEG 浓度，水热反应时溶液中一定存在严重的分相现象。高分子 PEG 的分相实际上就是 PEG 长链分子互相聚合形成团聚，但在团聚体中实际上还同时存在水分子。由于在反应体系中还存在有大量的 Co^{2+}，而 Co^{2+} 主要通过与 PEG 分子链中的氧相结合，从而被 PEG 所吸附，这就意味着促进 PEG 溶解的氢键位置进一步减少，因此可以确信在实际的反应体系中 PEG 很容易产生团聚和分相。Zhou 等[126-127] 通过 TEM 直接观测到 PEG-2000 在反应开始时团聚为直径 500 nm 的球，而后所生长的 ZnO 纳米棒都以此团聚球表面为核结晶长大的。在本实验分析中得到的柱状结构，显然也是通过在 PEG 团聚体表面吸附的 Co^{2+} 来逐渐形成长大的。根据 Kulichenko[128] 的早期理论研究，PEG 分相发生时的能量状态要求 PEG 形成的胶束团聚体更趋向于棒状或板状。从反应合成的柱状结构可以推测，在本实验条件下，PEG 聚合成短轴方向直径为 100 nm、长轴方向长为 500 nm 的纺锤体。由于表面张力的存在必然使得草酸钴在这些纺锤体表面成核生长，生长时纺锤体的切线方向平行于草酸钴的（100）等效面，因此形核生长的草酸钴纳米微晶以［001］方向形成纺锤状的柱状结构。根据草酸钴的结晶学可知，以 Co^{2+} 为结束面的（001）面具有最快的生长速度，往往形成多棱尖锥的顶端；而以 $C_2O_4^{2-}$ 为结束面的 $(00\bar{1})$ 具有最慢的生长速度，往往形成平的端面。

另外实验发现，PEG-20000 在 $CoC_2O_4 \cdot 2H_2O$ 的形成过程中作用很大。如果不加 PEG-20000，得到不规则的聚集态而非柱状结构。这表明，如果没有表面活性剂，$CoC_2O_4 \cdot 2H_2O$ 形成后很容易聚集在一起。因此，一定量的 PEG-20000 对 $CoC_2O_4 \cdot 2H_2O$ 的形成很重要，通过选择吸附的方式从动力学控制 $CoC_2O_4 \cdot 2H_2O$ 的晶面生长速度。

2.2.2.3 热重分析

为了分析前驱体的分解过程，对前驱体在空气气氛下进行了热重分析，如

图 2-17 所示。从图 2-17 中可以看出，前驱体在升温的过程中，分别在 205.9 ℃和 275.9 ℃出现了明显的吸热峰和放热峰。DTA 曲线在 205.9 ℃左右出现的吸热峰，则对应草酸钴中的表面水及两个结晶水的失去过程，在此过程中失重大约 21.15%，与失去两个结晶水的理论值 24.5%基本接近。在 275.9 ℃左右出现的尖锐放热峰，以及 TG 曲线 37.95%的失重过程，属于草酸钴分解生成 Co_3O_4 的过程，无水草酸钴分解成 Co_3O_4 过程中的理论失重为 45.37%，与理论失重相差不大。曲线在 300 ℃以后，TG 曲线相对稳定。在整个热分解的过程中，发生的分解反应为：

$$CoC_2O_4 \cdot 2H_2O \longrightarrow CoC_2O_4 + 2H_2O\uparrow \tag{2-14}$$

$$3CoC_2O_4 + 2O_2 \longrightarrow Co_3O_4 + 6CO_2\uparrow \tag{2-15}$$

因此，实验中将前驱体在 350 ℃以上煅烧，可以得到最终的 Co_3O_4 样品。

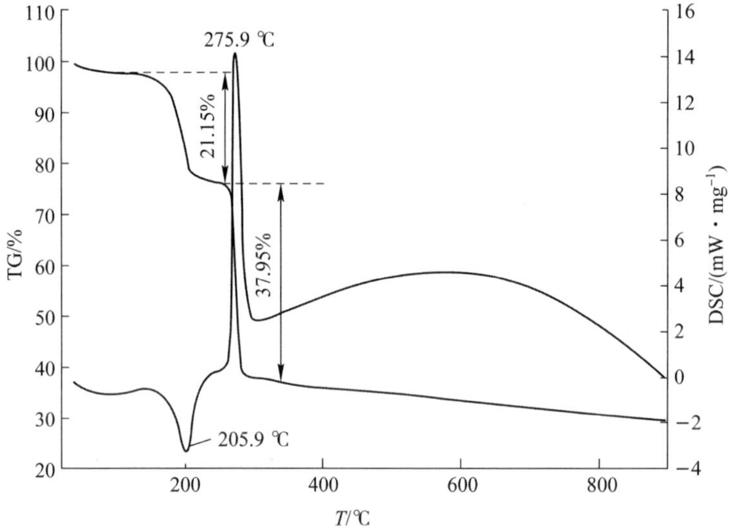

图 2-17　Co_3O_4 前驱体的热重分析曲线

2.2.3　热分解产物相组成及结构分析

2.2.3.1　XRD 分析

图 2-18 为 $CoC_2O_4 \cdot 2H_2O$ 在不同的分解制度（在 350 ℃煅烧 1 h；在 400 ℃煅烧 3 h；在 600 ℃煅烧 3 h；在 350 ℃保温 1 h，升温至 750 ℃后再保温 2 h）下产物的 XRD。从图 2-18 可以看出，在各种煅烧制度下得到的产物可归属为标准立方尖晶石型结构 Co_3O_4，没有出现明显的杂质峰。从 XRD 图谱还可以看出，随着煅烧温度的升高，Co_3O_4 样品的衍射峰增强且较窄，这说明随着温度升高结晶

度逐渐增大。由以上分析可知，实验中在不同的分解制度下都能得到纯相的 Co_3O_4 样品。

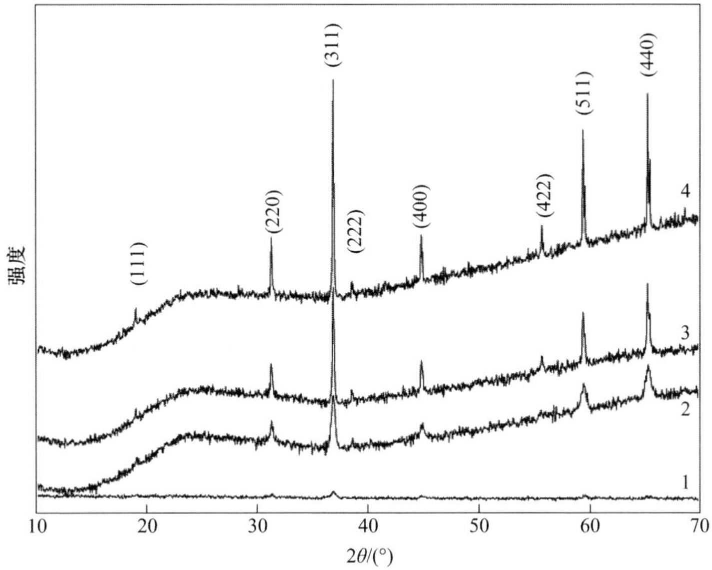

图 2-18 $CoC_2O_4 \cdot 2H_2O$ 在不同分解制度下产物的 XRD

1—350 ℃, 1 h; 2—400 ℃, 3 h; 3—600 ℃, 3 h; 4—350 ℃, 1 h, 后 750 ℃, 2 h

2.2.3.2 FT-IR 分析

为了更深入地了解前驱体 $CoC_2O_4 \cdot 2H_2O$ 及不同分解制度下热分解产物 Co_3O_4 样品的影响，对所得到的样品进行红外分析（FT-IR），如图 2-19 所示。图 2-19 中 1，位于 3365 cm^{-1} 较宽的峰是由水分子中的 O—H 键伸缩振动引起的；而位于 1622 cm^{-1} 的峰则是由水分子中的 H—O—H 键弯曲振动引起的。波数分别为 1360 cm^{-1} 和 1317 cm^{-1} 的峰是由 C—O 键的弯曲振动引起的，在 $CoC_2O_4 \cdot 2H_2O$ 的红外光谱中，其波峰并未出现 Co_3O_4 中的 Co-O 峰位，这说明前驱体为 $CoC_2O_4 \cdot 2H_2O$。从图 2-19 中 2 和 3 可以看出，位于 3439 cm^{-1} 和 3449 cm^{-1} 的峰是由水分子中 O—H 键的伸缩振动引起的，而 1636 cm^{-1} 和 1637 cm^{-1} 的峰是由水分子中的 H—O—H 键弯曲振动引起的，这些水分子的存在可能是由样品表面吸附的水引起的。在波数为 666 cm^{-1}、574 cm^{-1}（见图 2-19 中 2）和 673 cm^{-1}、577 cm^{-1}（见图 2-19 中 3）是由 Co-O 的出现引起的，由此可以看出在实验的温度下能得到纯相的 Co_3O_4 样品。从图 2-19 中 2 和 3 的 Co_3O_4 样品 Co-O 的峰位数值可以看出，图 2-19 中 3 的 Co-O 峰位比图 2-19 中 2 的向较高波数移动。由以上分析可知，在两种煅烧制度下均能得到纯的 Co_3O_4 样品，这与 XRD 的分析结果是一致的。

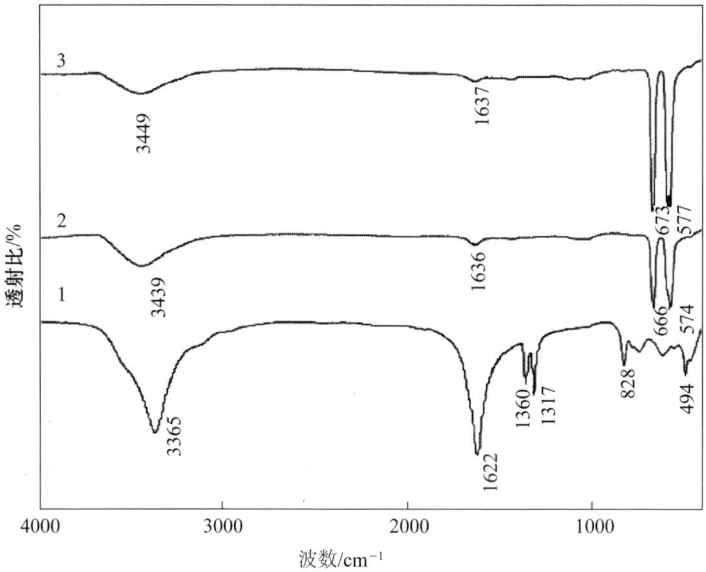

图 2-19　前驱体 $CoC_2O_4 \cdot 2H_2O$ 及不同制度下热分解产物 Co_3O_4 样品的 FT-IR

1—前驱体；2—400 ℃ 3 h；3—350 ℃ 1 h，后 750 ℃ 2 h

2.2.3.3　SEM 分析

因为热分解制度可能对 Co_3O_4 样品形貌影响较大，所以在不同的热分解制度下（煅烧制度分别在 350 ℃保温 1 h，400 ℃保温 3 h，600 ℃保温 3 h，350 ℃保温 1 h 后升温至 750 ℃保温 2 h）得到的 Co_3O_4 样品进行了扫描电镜观察（SEM），如图 2-20 所示。从图 2-20 中可以看出，在煅烧温度分别为 350 ℃保温 1 h，400 ℃保温 3 h 时，都能得到片层状结构的 Co_3O_4 多层次结构样品，与前驱体 $CoC_2O_4 \cdot 2H_2O$ 样品的形貌相比较，在分解的过程中保持了原有的形貌，这说明在此煅烧制度下，Co_3O_4 样品具有对前驱体 $CoC_2O_4 \cdot 2H_2O$ 样品形貌的继承性。当温度进一步升高时，在 600 ℃保温 3h 下，可以看到出现了由链状小球自组装所组成的片层状多层次结构，此结构整体仍保持前驱体的柱状结构。结合前面两种分解制度可知，此过程的形成可能是先形成层状结构，随温度的升高，片层中的草酸根离子进一步分解形成小球状结构。而在 350 ℃保温 1 h，后 750 ℃保温 2 h 的煅烧制度下可以看到，球状颗粒进一步增大，在此过程中，在 350 ℃保温 1 h 下有助于晶核的形成，而在 750 ℃保温 2h 有助于晶体的生长。在整个煅烧过程中，$C_2O_4^{2-}$ 起到了模板的作用，使得 Co_3O_4 样品整体上能够保持前驱体原有的形貌。因此，在实验中所用的各种煅烧制度均能得到片层状多层次结构的 Co_3O_4 样品。

图 2-20 不同煅烧制度下得到的 Co_3O_4 样品的 SEM

（a）350 ℃，保温 1 h；（b）400 ℃，保温 3 h；
（c）600 ℃，保温 3 h；（d）350 ℃，保温 1 h，后 750 ℃，保温 2 h

2.2.4 电化学性能分析

2.2.4.1 循环伏安测试

法拉第电容器的电容主要来源于电极活性材料的氧化还原反应，可以通过循环伏安曲线的阳极或阴极电流来评价其电容性能。图 2-21（a）（b）为不同扫描速度下所得 Co_3O_4 样品的循环伏安曲线。从图 2-21（a）可知，在扫描电位范围内，该电极表现出很强的赝电容特性，且材料具备典型的电容器充/放电特征。同时，曲线显示出 Co_3O_4 样品的电容特征与双电层也有明显的不同，双电层电容的循环伏安曲线接近于理想的矩形。电子转移的可逆过程在曲线中明显可见，当电位扫描 Co_3O_4 电极时发生了两种准可逆的氧化还原过程，在循环伏安曲线上表现出两对氧化还原峰（P1 与 P2、P3 与 P4），其中在第一对氧化还原峰中，氧化峰 P1 相对 Co_3O_4 氧化为 CoOOH 的过程，还原峰 P2 对应其逆过程；氧化峰 P3 对应 CoOOH 氧化为 CoO_2 的过程，还原峰 P4 对应其逆过程。这两个过程均为法拉第可逆过程。在图 2-21（b）中只出现了一对氧化还原峰，是 Co^{2+} 与 Co^{3+} 之间相互转化的过程。在扫描电位范围内，氧化峰与还原峰的峰形基本对称，氧化峰电流与还原峰电流相近，这表明电极表面及内部进行的电化学反应具有良好的准可逆性，材料具备赝电容特性。当扫描速度增加时，阳极峰位正移，而阴极峰位负移，峰电位的差值逐步增加，极化电位增强，电极电容量也无可避免地降低。这表明随着扫描速度的增大，电极的极化增强，反应的不可逆性加强。

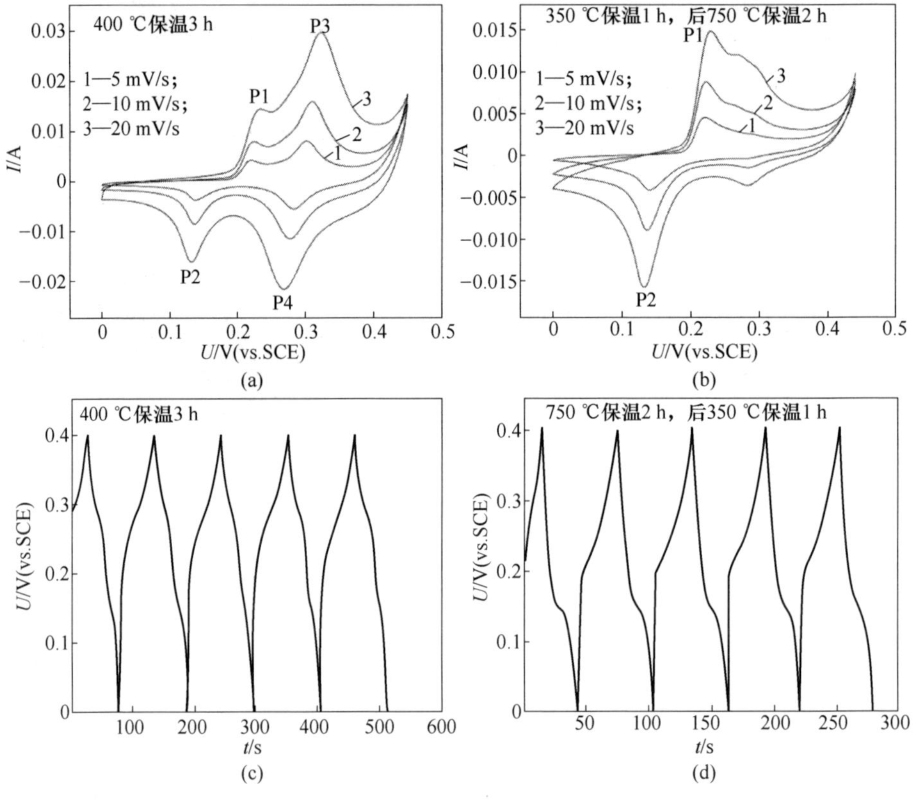

图 2-21　在两种煅烧制度下的化学性能曲线

（a）（b）不同扫描速度下所得 Co_3O_4 样品的循环伏安曲线；

（c）（d）不同煅绕下制备 Co_3O_4 样品的充/放电曲线

E_{O1}、E_{O2} 分别为峰 P1、P3 所对应的氧化电位，E_{R1}、E_{R2} 分别为峰 P2、P4 所对应的还原电位。表 2-6 和表 2-7 中列出了氧化峰、还原峰与析氧峰在不同扫描速度下电极电位数值，从表 2-6 和表 2-7 可以看出其变化规律相似。以表 2-6 为例，当扫描速度从 5 mV/s 到 20 mV/s 时，（$E_{O1}-E_{R1}$）的值逐渐增大，扫描速度为 5 mV/s 时（$E_{O1}-E_{R1}$）= 83 mV，扫描速度为 20 mV/s 时（$E_{O1}-E_{R1}$）= 102 mV，是扫描速度为 5 mV/s 时的近 1.3 倍；（$E_{O2}-E_{R2}$）的值也逐渐增大，扫描速度为 5 mV/s 时（$E_{O2}-E_{R2}$）= 20 mV，扫描速度为 20 mV/s 时（$E_{O2}-E_{R2}$）= 58 mV，是扫描速度为 5 mV/s 时的 2.9 倍。这说明小扫描速度下电极反应的可逆性好。同时在同一扫描速度下，（$E_{O2}-E_{R2}$）的值要小于（$E_{O1}-E_{R1}$）的值。例如，当扫描速度为 5 mV/s 时，（$E_{O1}-E_{R1}$）= 83 mV，（$E_{O2}-E_{R2}$）仅有 20 mV，这说明在同一扫描速度下，P3、P4 这对氧化还原峰所对应的电极反应的可逆性要优于 P1、P2 的。E_{OE} 为析氧反应的电位，扫描速度从 5 mV/s 到 20 mV/s 的变化过程中，（$E_{OE}-E_{O2}$）的值逐渐变小，扫描速度为 5 mV/s 时（$E_{OE}-E_{O2}$）= 147 mV，扫描速度为 20 mV/s 时（$E_{OE}-E_{O2}$）= 124 mV，是扫描速度为 5 mV/s 时的约 1.18 倍。析氧峰与氧化峰电位的差值越大，电极反应受吸氧反应的影响越小，Co_3O_4 样品的充放电效率越高，相对应的放电比容量也就越高。这说明小扫描速度下，电极反应的放电比容量高。

表 2-6 所得 Co_3O_4 样品在不同扫描速度下电极电位（400 ℃保温 3 h）

扫描速度 /(mV · s^{-1})	电极电位/mV							
	E_{O1}	E_{R1}	E_{O2}	E_{R2}	E_{OE}	$E_{O1}-E_{R1}$	$E_{O2}-E_{R2}$	$E_{OE}-E_{O2}$
5	219	136	303	283	450	83	20	147
10	226	136	311	277	450	90	34	139
20	234	132	326	268	450	102	58	124

表 2-7 所得 Co_3O_4 样品在不同扫描速度下电极电位（350 ℃保温 1 h 后，750 ℃保温 2 h）

扫描速度 /(mV · s^{-1})	电极电位/mV				
	E_{O1}	E_{R1}	E_{OE}	$E_{O1}-E_{R1}$	$E_{OE}-E_{O1}$
5	221	140	450	81	229
10	225	137	450	88	225
20	232	135	450	97	218

2.2.4.2 恒流充放电测试

图 2-21（c）（d）为在不同煅烧下制备 Co_3O_4 样品的充/放电曲线，其中电解液为 6 mol/L KOH，电流密度为 4 mA/cm^2。由图 2-21 可知，电位/时间基本呈线性关系，充/放电曲线呈现较好的对称性。根据放电时间计算的比电容可知，在 400 ℃保温 3 h，以及先在 350 ℃保温 1 h 后 750 ℃保温 2 h 条件下，所制备的 Co_3O_4 样品的比电容分别是 88.9 F/g 和 16.1 F/g。由此可见，先在 350 ℃保温 1 h 后 750 ℃保温 2 h 所得的 Co_3O_4 样品由于煅烧温度的升高，电极的放电比容量逐渐降低，这可能是因为煅烧温度越高，结晶度越高，颗粒烧结，粒径增大，

使得电解液进入材料内部较困难。由以上分析可知，虽然所制备的多层次结构 Co_3O_4 电极材料具有较低的比电容，但是可以通过进一步的结构调控实现性能的提高，为制备高活性高性能的超级电容器电极材料奠定良好的基础。

本章小结

（1）在 120 ℃水热 16 h 成功制备出由纳米颗粒组成的多层次结构球形 Co_3O_4 电极材料，此电极材料具有较高的比电容和较高的充/放电效率特性，在 6 mol/L KOH 电解液和 4 mA/cm^2 的电流密度下的比电容达 576.58 F/g，这主要是因为纳米颗粒组成的多层次结构球形 Co_3O_4 的独特结构，使得 OH^-更容易嵌入和脱出发生电化学反应，提高电化学性能。另外，其比电容的大小受电解液的浓度影响，随着电解液浓度的增大而增大，其电流密度为 4 mA/cm^2，在电解液浓度为 10 mol/L 的 KOH 电解液中，比电容可达到 620.30 F/g。此多层次结构球形 Co_3O_4 电极材料适合在高比电容、高充/放电效率场合下使用。

（2）以 PEG 为表面活性剂，草酸钴为沉淀剂，采用水热法制备了柱状表面平滑结构的前驱体 $CoC_2O_4 \cdot 2H_2O$。前驱体 $CoC_2O_4 \cdot 2H_2O$ 在 400 ℃保温 3 h 下得到片层状多层次结构形貌，而通过程序升温控制下，在 350 ℃保温 1 h 后，再继续升温至 750 ℃保温 2 h 得到的样品形貌为由小球组成的层状多层次结构。在两种煅烧制度下，整体形貌都保持了前驱体的形貌。对于在两种煅烧制度下所制备的 Co_3O_4 样品电容性能而言，在 400 ℃保温 3 h 下所得到的 Co_3O_4 样品优于在 350 ℃保温 1 h 后 750 ℃保温 2 h 下的电化学性能。在 400 ℃保温 3 h 下所得到的 Co_3O_4 样品的比电容优于在同样条件下 PEG-4000 的比电容，其比电容可达 88.9 F/g，虽然比电容较低，但是这种多层次结构可通过改变实验工艺条件进行结构调控，进而提高电化学性能，为制备高性能电极材料奠定良好的基础。

3 α-Ni(OH)$_2$、β-Ni(OH)$_2$、NiO 电极材料的电化学性能分析

氧化镍(NiO)作为一种新兴的功能材料具有较好的应用前景，NiO 作为超级电容器的电极材料是从 20 世纪 90 年代中后期开始的，制备性能良好的纳米 NiO 的关键是制备其前驱体材料 $Ni(OH)_2$。$Ni(OH)_2$ 作为镍氢电池正极材料的研究比较成熟[129-131]，这为目前研究高活性纳米 NiO 材料提供有利的理论和实践基础。

对于 NiO_2 的晶体结构，其具有六方结构，在自然界以绿镍矿石的形式存在，属于 NaCl 型立方晶。NiO_2 含氧量不定，在一定范围内变化，其颜色依氧含量降低的顺序呈现出灰黑色、灰绿色至绿色。晶格常数也随氧含量而变化，由于其固有的晶格缺陷，NiO 成为一种良好的 P 形半导体材料。从粉末衍射标准数据卡片 JCPDS 可以看出，NiO 具有多种晶相，见表 3-1。

表 3-1　NiO 的晶体数据

结构名称	晶　型	晶胞参数/nm	数据来源
Ni_2O_3	六角	$a=0.461$，$c=0.561$	JCPDS 14-481
$Ni_3O_2(OH)_4$	正交	$a=0.481$，$b=0.3$，$c=0.465$	JCPDS 13-229
$Ni_3O_2(OH)_4$	六角	$a=0.304$，$c=1.46$	JCPDS 6-144
NiO	六角	$a=0.2954$，$c=0.7236$	JCPDS 22-1189
NiO	立方	$a=0.4177$	JCPDS 4-0835

对于其前驱体 $Ni(OH)_2$ 来说，结晶完好的 $Ni(OH)_2$ 属于六方晶系的层状结构[132]，呈六方紧密堆积的 OH^- 层，沿 c 轴方向堆积，两个 OH^- 层之间形成完全被 Ni^{2+} 填充的或完全空缺的八面体间隙，即 Ni^{2+} 位于 6 个 OH^- 之间，如图 3-1（a）所示；Ni—$[OH]_6$ 八面体平行以共棱的方式联结成层，如图 3-1（b）所示。通常把填充的 Ni^{2+} 和八面体间隙中充满 Ni^{2+} 的两个 OH^- 层一起称为 NiOH 层或 NiO_2 层，NiOH 层内 Ni^{2+} 与 OH^- 的比值为 1∶2，NiOH 层中 O—H 键与 c 轴平行。而 NiOH 层中本应 Ni^{2+} 占据的八面体空穴，也可能填充其他离子而形成 Ni^{2+} 晶格缺陷。层间的八面体间隙可能填充有 CO_3^{2-}、SO_4^{2-}、K^+、Na^+、H_2O 等，这些结构特点决定了 $Ni(OH)_2$ 组成上的非化学定比或晶格参数变化的多样性[133]，因此控制 $Ni(OH)_2$ 的结构就是控制基层间距离和杂质的种类及数量。

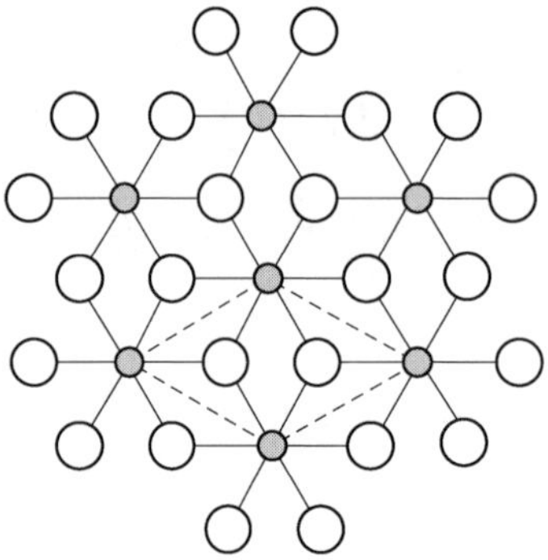

(a)

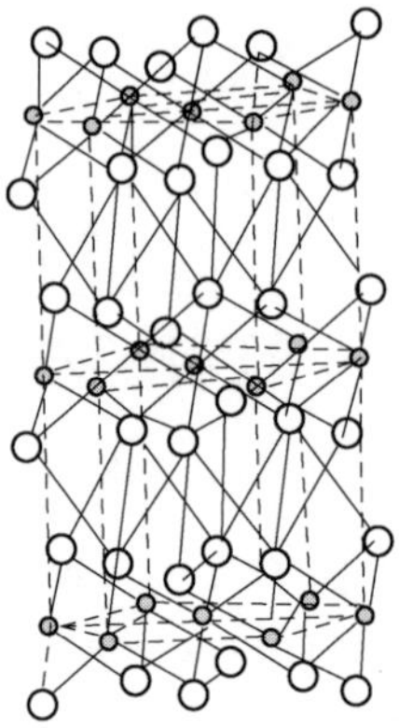

(b)

图 3-1 Ni(OH)$_2$ 晶体结构特征

在电化学电源中，Ni 电极活性物质包括 Ni(OH)$_2$ 和 NiOOH(NiOOH 不稳定)，它们都有多种晶型。Ni(OH)$_2$ 分为 α-Ni(OH)$_2$ 和 β-Ni(OH)$_2$ 两种结构，如图 3-2 所示。NiOOH 分为 β-NiOOH 和 γ-NiOOH 两种，α(Ⅱ)、β(Ⅱ)、β(Ⅲ)、γ(Ⅲ)化学性质都较相近，是结构、组成及物理化学性质有不同程度差别的一类羟基氧化物或镍氢氧化物的总称，表 3-2 列出了不同结构 Ni(OH)$_2$ 和 NiOOH 的晶体具体数据[134]。研究表明，在 α、β 两种晶型的 Ni(OH)$_2$ 中 Ni 的平均氧化数是一致的，均为 2.25；而在 NiOOH 两种晶型中 Ni 的平均氧化数则不同，在 β-NiOOH 中由于 3 个质子占据了 Ni 的空位，Ni 的平均氧化数由+3 降为+2.9，而在 γ-NiOOH 中只有 0.25 个 Ni 空位被 K^+ 占据，同时又有大量 Ni^{+4} 存在，所以平均氧化数达到了+3.67[135]。这几种晶型之间的转化关系，通常可用 Bod 氧化还原机制来表示，图 3-3 所示。不同晶型的氢氧化镍都可以看成 NiO_2 的层状堆积，不同之处在于层间粒子及层间距离存在差异。β-NiOOH 自身层间距为 0.46~0.48 nm，层间无 H_2O 分子和其他离子插入；α-Ni(OH)$_2$ 和 γ-NiOOH 因层间存在着碱金属离子或水分子，层间距为 0.7~0.8 nm。α-Ni(OH)$_2$ 不仅层间距与 β-Ni(OH)$_2$ 有差异，且存在形式也有所差异，易形成以 c 轴为对称轴的涡层结构，且层中往往会嵌入各种阴阳离子或水分子。β-Ni(OH)$_2$ 的结构为六方晶系层状化合物，其具有层状水镁石［Mg(OH)$_2$］结构；而 α-Ni(OH)$_2$ 层间距大于 β-Ni(OH)$_2$，其容量较高，放电效率较好。近年来，人们研究中还发现 α-Ni(OH)$_2$ 在某些方面较 β-Ni(OH)$_2$ 具有更多的优点：α-Ni(OH)$_2$/γ-NiOOH 电对的充/放电循环不会发生电极膨胀，电极反应中没有中间相生成，可逆性较好；α-Ni(OH)$_2$/γ-NiOOH 电对反应中理论电子转移数为 1.67，因此其理论质量比容量比 β-Ni(OH)$_2$ 高得多。

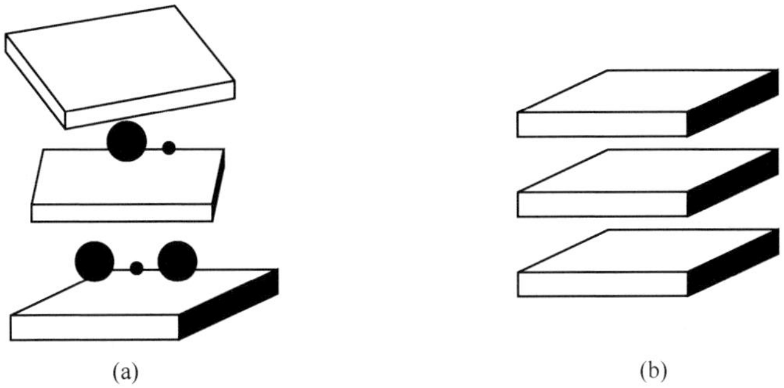

图 3-2　$Ni(OH)_2$ 的结构示意图

(a) α-$Ni(OH)_2$；(b) β-$Ni(OH)_2$

表 3-2　不同结构 $Ni(OH)_2$ 和 NiOOH 的晶体数据

结构名称	晶胞参数/nm	计算密度/(g · cm^{-3})	数据来源
$Ni(OH)_2$	a=0. 3131，c=0. 4666	—	JCPDS 35-526
α-$Ni(OH)_2$①	a=0. 534，c=0. 75	2. 82	JCPDS 22-444
α-$Ni(OH)_2$②	a=0. 3081，c=2. 345	—	JCPDS 38-715
α-$Ni(OH)_2$③	a=0. 312±0. 009，c=2. 484±0. 12	—	文献［71］
β-$Ni(OH)_2$	a=0. 3126，c=0. 4605	3. 948	JCPDS 14-117
β-NiOOH	a=0. 281，c=0. 484	4. 93	JCPDS 6-0141
β-NiOOH	a=0. 282，c=2. 065	5. 178	JCPDS 6-0075
γ_1-$Ni(OH)_2$④	a=0. 283，c=2. 10	3. 78	JCPDS 23-1407
γ_2-$Ni(OH)_2$⑤	a=0. 49，c=0. 696	4. 477	JCPDS 27-764

注：JCPDS 粉末 X 射线衍射卡片号。

① α-$3Ni(OH)_2 \cdot H_2O$；

② $3Ni(NH_3)_2 \cdot 0.75H_2O$；

③ $Ni_{1-x}M(OH)_2A^{n-}_{x/n} \cdot yH_2O$；

④ γ_1-$(4NiO_2 \cdot 2NiOOH)(2H_2O \cdot 2OH^{-1} \cdot 2Na^+)$；

⑤ γ_2-$(NiO_2 \cdot 2NiOOH)(2H_2O \cdot 2OH^{-1} \cdot 2Na^+)$。

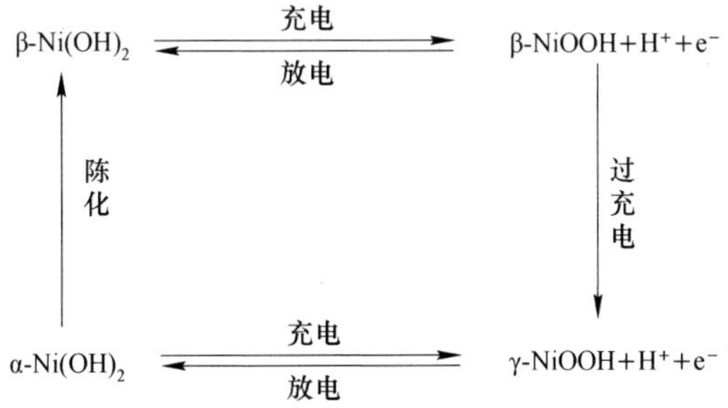

图 3-3　氢氧化镍各种晶型间的转化关系

目前来看，α-$Ni(OH)_2$ 的制备可以通过尿素均相水热法来实现。本实验是利用化学反应使溶液中的构晶离子缓慢地释放出来，在水热条件下溶液中均匀地发生沉淀反应，因为它克服了直接沉淀法存在的反应物混合不均匀、反应速率不易控制等缺点，所以所得粒子的粒径分布较窄、分散性好。尿素是最典型的均相沉淀剂，把尿素与原料溶液充分混合均匀后，并不马上发生沉淀，若使其慢慢升温后，尿素开始缓慢水解生成 $NH_3 \cdot H_2O$，与金属离子化合，随着化合物浓度的积累，过饱和度逐渐上升。化合反应是快反应，尿素的缓慢水解反应则是慢反应，也是过程的控制步骤，因而在反应前和反应过程中都有足够的时间使整个溶液体系的过饱和度达到均匀分布，而不会造成溶液中反应物浓度的剧烈波动，且水解出的反应组分均匀地分布在溶液的各个区域，从而与金属离子可达到分子水平的均匀混合。仔细调控温度来控制尿素水解的速率，使初次形成的晶核的生长速率与溶质的生成速率相当，不会造成溶质分子的过剩而发生再次成核，那么最终可得到粒度与形貌均匀一致的粒子。

3.1　实验部分

实验中所用的原材料均为分析纯。2 mmol 的 $Ni(NO_3)_2 \cdot 6H_2O$ 溶解在 20 mL 的水-乙醇（体积比为 1∶1）的混合溶剂中，在磁力搅拌下，分别加入 0.1 g 的十二烷基硫酸钠（SDS）和 20 mmol 的尿素，搅拌 30 min 后，将混合物装入反应釜内，填充度为 80%，放入 110 ℃的烘箱内保温 15 h；待自然冷却至室温，离心分离，用去离子水和无水乙醇分别洗涤 3 次，在 80 ℃的烘箱中干燥 12 h 即可得到前驱体，将所得样品分别在 150 ℃、200 ℃和 250 ℃热处理 2 h。实验的具体流程如图 3-4 所示。

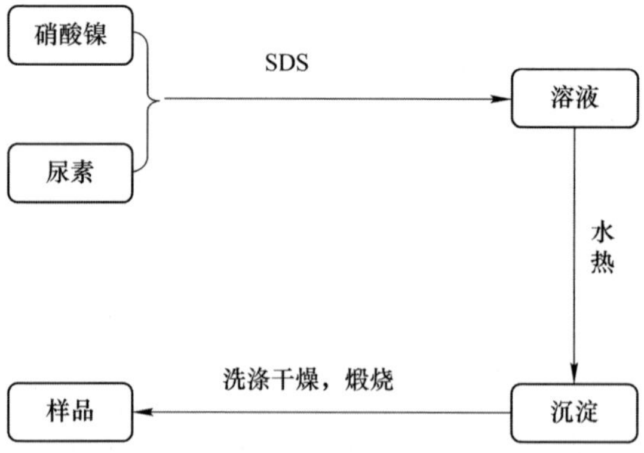

图 3-4　材料制备流程图

3.2 材料相组成及结构分析

3.2.1 XRD 分析

将前驱体 $Ni(OH)_2$ 在 150 ℃、200 ℃和 250 ℃进行保温 2 h 的热处理。图 3-5 是水热及热处理后样品的 XRD，从图中可以看出，其诸衍射峰位置与标准图谱 JCPDS（22-752）一致，可以确定样品为 α-$Ni(OH)_2$，从而证明直接水热和水热后在 250 ℃以下热处理均能得到纯相的 α-$Ni(OH)_2$。前驱体主峰比较尖锐，因此可以表明其结晶度较高。在 35°附近出现一对非对称的衍射峰，也可以说明 α-$Ni(OH)_2$ 具有层状结构。在 15.0°和 26.0°附近出现的峰可能是与 α-$Ni(OH)_2$层与层之间发生扭曲和平移所形成的，其与涡层及嵌入的阴离子（如 CO_3^{2-} 或 SO_4^{2-} 等）的种类和数量有关。随着热处理温度的升高，衍射峰逐渐减弱，衍射峰宽度逐渐明显宽化，同时在 12.8°处的 d_{001} 的值从 7.13912 Å（1 Å = 10×10^{-10} m）变化到 7.04702 Å，在此处的峰强也明显减小，这表明热处理能够使 α-$Ni(OH)_2$ 样品的晶粒尺寸减小。

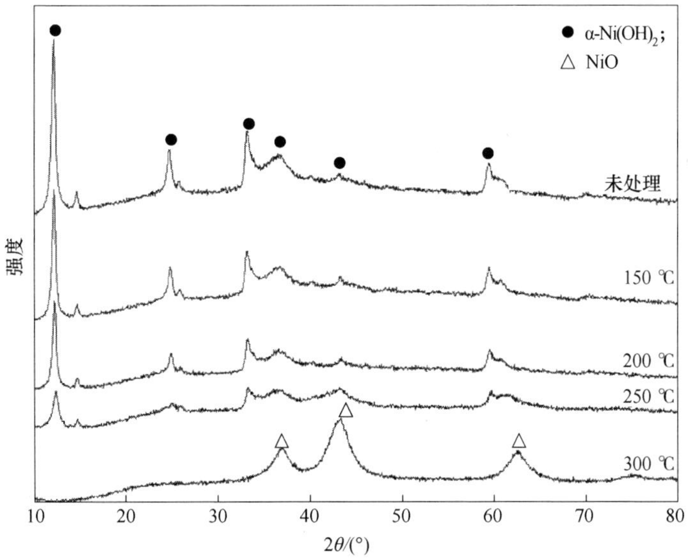

图 3-5 水热及不同热处理后样品的 XRD

以上情况可能与样品在热处理过程中失去一定量的物理化学吸附水及层间水有关，在热处理的过程中 α-$Ni(OH)_2$ 层间的水使得层间距变小，这是因为 α-$Ni(OH)_2$ 的形成要依托于 NiO_2 层间的水分子或阴阳离子等，而层间水的减少势必会降低 α-$Ni(OH)_2$ 分子的结晶度；同时，吸附水的缺失也使得样品的粒径尺寸有所减小，这种结构有利于电化学反应。当温度升高到 300 ℃时，生成纯相的 NiO，由此说明在热处理温度小于或等于 250 ℃时，前驱体仍能保持 α-Ni(OH)$_2$ 相。

3.2.2　FT-IR 分析

图 3-6 为前驱体及在 250 ℃热处理样品的红外光谱图（FT-IR），从图中可以看到，图中两种情况下的峰位并没有大的差别，只是峰的强度有所变化，热处理后的峰的强度较弱。对于前驱体和在 250 ℃热处理所得样品有相同的振动峰在 3639 cm^{-1}、3440 cm^{-1}、2925 cm^{-1}、2855 cm^{-1}、2233 cm^{-1}、1630 cm^{-1}、1451 cm^{-1}、1384 cm^{-1}、1107 cm^{-1}、822 cm^{-1}、635 cm^{-1} 和 482 cm^{-1}。在 3640 cm^{-1} 处的吸收峰是由对应于氢镁石结构中的自由羟基 $\nu_{O\text{-}H}$ 的伸缩振动引起的，这说明在 α-Ni(OH)$_2$ 层间存在自由羟基。在 3440 cm^{-1} 和 1630 cm^{-1} 处分别出现一个大而宽的吸收峰和一个小的吸收峰，这两个峰分别对应于大量吸附于颗粒表面，或者嵌入 NiO_2 层间的 H_2O 分子伸缩振动 $\nu(H_2O)$ 及弯曲振动 $\delta(H_2O)$，2855~2925 cm^{-1} 处是典型的 C—H 伸缩振动峰，在 2233 cm^{-1} 处出现强烈尖锐的峰，这归因于终端与 Ni 原子相连的 NCO^- 基团的伸缩模式，而 NCO^- 则是来源于尿素的水解。吸收峰 1451 cm^{-1} 和 822 cm^{-1} 对应于 CO_3^{2-} 中的 C—O 振动，这表明有 CO_3^{2-} 的存在；在 1107 cm^{-1} 和 635 cm^{-1} 处的峰是由于 SO_4^{2-} 的振动引起的；低于 500 cm^{-1} 附近的吸收峰与 Ni-O 晶格振动相关。

以上说明表明，在合成反应中 α-Ni(OH)$_2$ 的层间可以嵌入 H_2O、CO_3^{2-} 等离子。

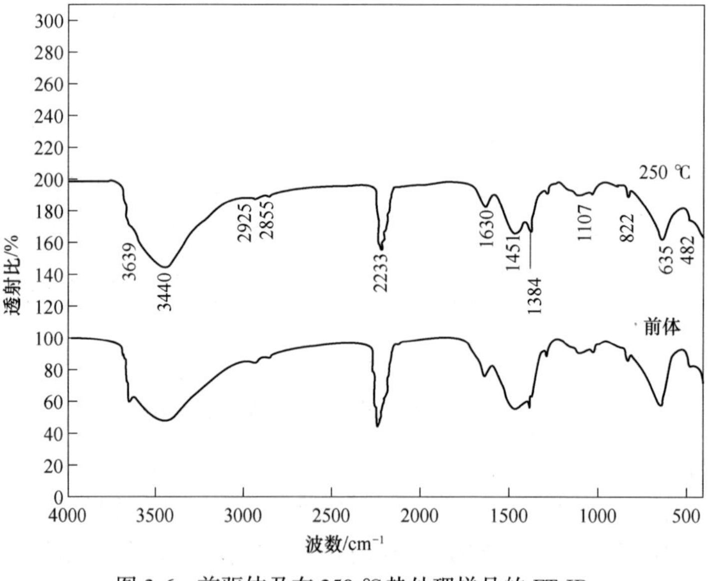

图 3-6　前驱体及在 250 ℃热处理样品的 FT-IR

3.2.3　SEM 分析

图 3-7 是 α-Ni(OH)$_2$ 前驱体及在 250 ℃热处理后样品的 SEM 和 TEM，从图

图 3-7　前驱体及 250 ℃热处理样品的 SEM 和 TEM

(a) 前驱体 SEM (×10000)；(b) 前驱体 SEM (×20000)；(c) 250 ℃热处理 SEM (×10000)；(d) 250 ℃热处理 SEM (×20000)；(e) 前驱体 TEM；(f) 250 ℃热处理 TEM

中可以看出，前驱体的 α-$Ni(OH)_2$ 及热处理后的 α-$Ni(OH)_2$ 样品具有相似的形貌，材料整体呈现出一种由相互交错的纳米片组成的疏松填充的花片球状的多层次结构，球的直径为 2~10 μm。从 TEM 也可以看出，其结构是由纳米片状所组成的，花片的厚度都在纳米尺度（厚度约 10 nm）范围内，从而使得该材料的结构孔道丰富，比表面积较大。这种特殊的多层次结构有助于电解液中 OH^- 向电极活性材料的转移，以及在氧化还原相间的扩散，所以它为材料的高比容量提供了一个重要的形态基础。由此可以说明在 250 ℃热处理条件下，纳米片组成的球状仍能够保持由纳米片组成的多层次结构。

3.2.4 孔径分布及比表面积分析

图 3-8 是前驱体 α-$Ni(OH)_2$ 微球的 N_2 吸附-脱附等温和孔径分布图。用 BET 方法计算得到材料的比表面积为 182.9 m^2/g。图 3-8 中滞回线表明该材料呈现多孔性固体的吸附特征，孔径主要分布为 2.5~5.5 nm，其平均孔直径为 6.69 nm。由于此独特的结构使得其具有较大的比表面积，这种独特的花样介孔结构为产生高比容量奠定了良好的基础。

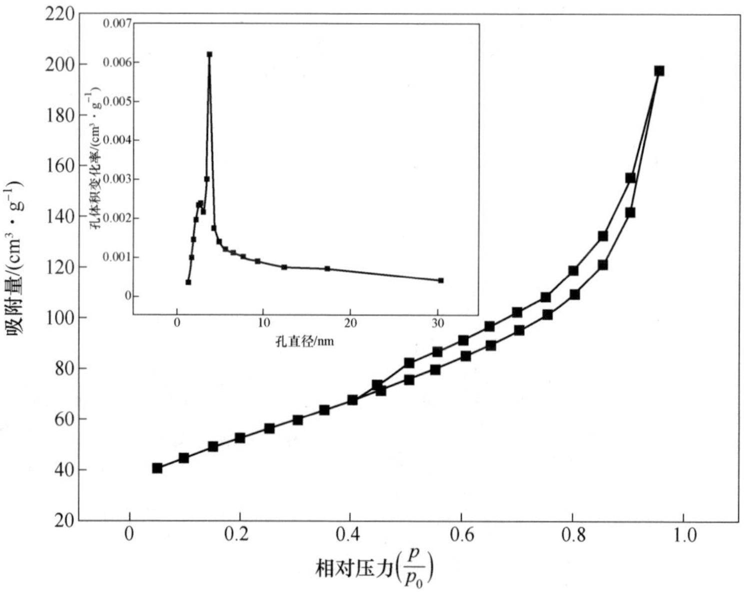

图 3-8 N_2 对前驱体 α-$Ni(OH)_2$ 微球的 N_2 吸附-脱附等温和孔径分布图

3.3 电化学性能表征

图 3-9 是前驱体和不同温度热处理后的 α-$Ni(OH)_2$ 的电化学性能曲线。从

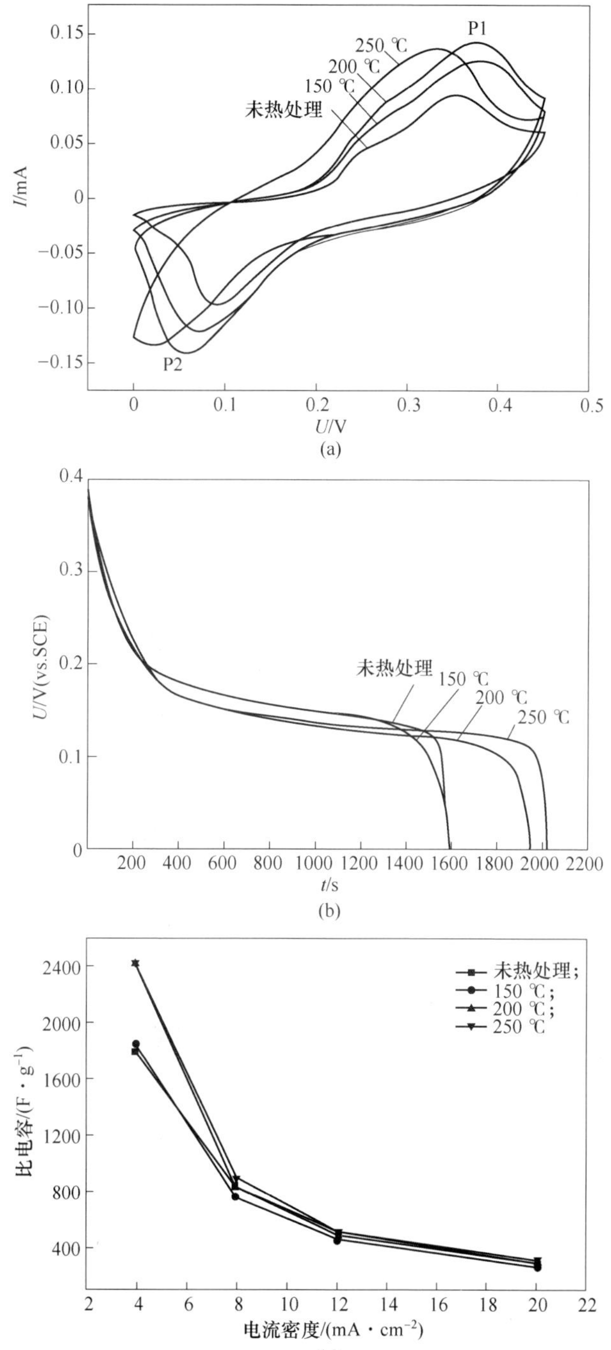

图 3-9　前驱体和不同温度热处理 α-$Ni(OH)_2$ 的电化学性能

（a）5 mV/s 循环伏安曲线；（b）恒流放电曲线；（c）不同速度比电容曲线

图 3-9（a）可以看出，在电位区间内，前驱体和在不同温度热处理后的 α-Ni(OH)$_2$ 样品的循环伏安曲线均出现一对氧化还原峰 P1 和 P2，这表现出法拉第准电容特性。氧化峰 P1 是由 Ni(OH)$_2$ 吸附溶液中的 OH^-，被氧化成 NiOOH 的过程，而还原峰 P2 对应于其逆过程。充电时，Ni(OH)$_2$ 放出一个电子变为 NiOOH；而放电时，NiOOH 接受一个电子转变为 Ni(OH)$_2$。其电化学过程为[136]：

$$Ni(OH)_2 + OH^- \longrightarrow NiOOH + H_2O + e^- \tag{3-1}$$

从循环伏安曲线的面积来看，随着热处理温度的提高，曲线所围的面积变大，这说明材料的比电容增加。从图 3-9（b）放电曲线可以看出，放电曲线随热处理温度的升高，其放电时间增加，比电容增大，这与循环伏安的结果是一致的。根据比电容的计算公式，可以计算得到前驱体和在 150 ℃、200 ℃、250 ℃热处理后的 α-Ni(OH)$_2$ 样品的比电容，其分别为 1772 F/g、1826 F/g、2398 F/g 和 2371 F/g。从而可以看出，前驱体及热处理后的 α-Ni(OH)$_2$ 样品都表现出高的比电容，这与实验中所制备的纳米片状组成的 α-Ni(OH)$_2$ 微球多层次结构有关，此结构有较大的比表面积，使得在电化学反应中的 OH^- 进入体相中更充分的电化学反应，从而提高电化学性能。在一般情况下，样品在热处理时随温度的升高，结晶度越高，颗粒烧结，粒径增大，从而使得电化学反应进行较困难，使比电容逐渐减小。但是，在实验中所制备的 α-Ni(OH)$_2$ 样品在 250 ℃以下进行热处理时，比电容却随着热处理温度的升高而增大，这一反常的现象主要与 α-Ni(OH)$_2$ 的特殊层状结构有关。当随着热处理温度的升高，α-Ni(OH)$_2$ 失去了物理吸附水和化学水，从而使其形成了敞开的夹层结构，使得其结晶度变差，层与层之间的缺陷增加，这样会在电化学反应中有利于 OH^- 进入体相，与 α-Ni(OH)$_2$ 活性材料进行快速的氧化还原反应，从而提高了电化学比电容。在热处理的过程中，一旦敞开夹层状的 α-Ni(OH)$_2$ 相形成后，再提高热处理温度由于减少活性材料的比表面积及表面活性会导致电化学比电容的下降。另一方面，根据前面的 TG 和 XRD 的分析可知，在 300 ℃以上会得到 NiO 相，此相的形成也会减小材料的比电容。因此，在 250 ℃以下进行热处理有利于比电容的提高。从图 3-9（c）可以看出，每种条件下所得 α-Ni(OH)$_2$ 样品的比电容会随着热处理温度和电流密度的增大而减小，这是由于电极上电流增大，造成电极/电解液界面上的电解液离子浓度急速下降，界面上的电解液离子数目不能满足电极充电所需的离子数，造成电极上由液相扩散引起的极化增大，从而引起电极在大电流下的电容损失。因此，在对所制备的 α-Ni(OH)$_2$ 样品在 250 ℃以下进行热处理时，整个处理温度范围内仍能保持较高的比电容，且随着热处理温度的升高，比电容增大。

3.4 不同制备条件下对样品影响表征

3.4.1 不同水热时间的影响

3.4.1.1 材料相组成及结构分析

A XRD 分析

图 3-10 为不同保温时间所制备样品的 XRD。溶液保温 0.5 h 时所得粉末样品量很少，无法进行 XRD 测试，因此只进行了样品形貌测试，故在 XRD 图谱中未给出保温 0.5 h 的样品。如图 3-10 所示，从 XRD 图谱可以看出，溶液在保温 1 h、1.5 h、2 h 和 4 h 所得样品的谱峰 α-$Ni(OH)_2$ 相一致，且没有明显的杂质峰出现。另外，从保温 0.5~4 h 所得 α-$Ni(OH)_2$ 样品对比可知，随保温时间峰强增加，峰的宽度变窄，这说明晶粒随时间增加而长大。由谢乐公式计算可得在水热保温 1 h、1.5 h、2 h 和 4 h 条件下得到的 α-$Ni(OH)_2$ 样品的晶粒的尺寸分别约为 4.23 nm、10.77 nm、11.52 nm 和 14.26 nm。由此可见，在保温 1~4 h 过程中是晶体生长的过程。

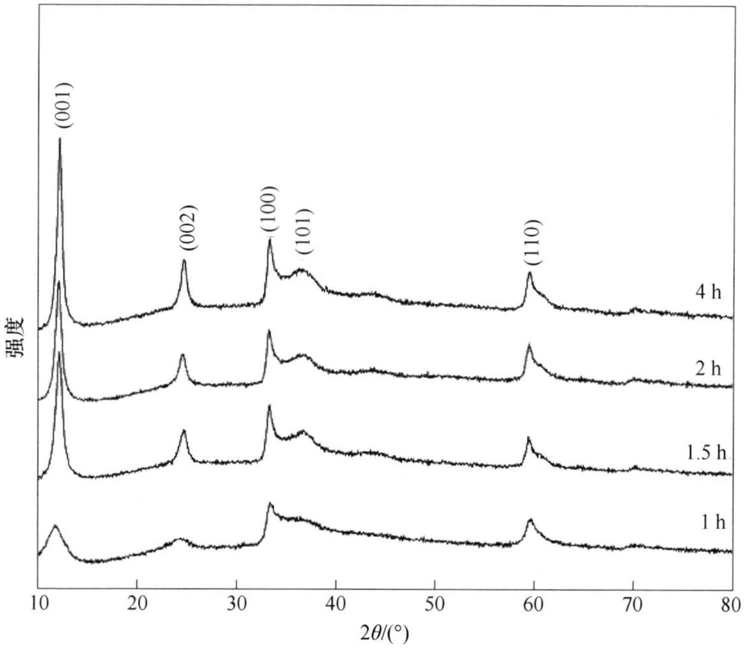

图 3-10 不同保温时间所制备样品的 XRD

B　α-Ni(OH)$_2$ 形成机理分析

图 3-11 为不同水热保温时间下 α-Ni(OH)$_2$ 样品的 SEM。从图 3-11（a）（b）可以看出，当溶液保温 0.5 h 时，所得沉淀量很小，其形貌呈面积不等的纳米片状与纳米颗粒共存，纳米片的厚度约 5 nm。在纳米片周围及上面，可以看到大量直径不均匀的纳米颗粒。由此可知，其生长过程是先成核，再生长成纳米颗粒，最后由纳米颗粒在表面活性剂的作用下形成纳米片。当前驱液保温 1 h［见图 3-11（c）（d）］时，已经出现了由纳米片组成的花状微球多层次结构，在花状微球表面可以看到清晰的未形成微球的纳米片在其表面，这说明此过程是纳米片自组装成花状多层次结构微球的过程。当保温时间增加到 1.5 h［见图 3-11（e）（f）］时，可以看到已经完全生长成纳米片状的微球，且微球的微球直径增加，这说明此过程为纳米片继续在微球表面生长、使微球直径增大的过程。随着时间的推移，当时间增加到 2 h［见图 3-11（g）（h）］时，纳米微球的整体尺寸减小，这可能是微球溶解再生长的过程。保温时间为 4 h［见图 3-11（i）（j）］时，微球直径增大，这说明此过程溶解的微球继续生长成直径较大的 Ni(OH)$_2$ 花状微球。微球的直径为 1~5 μm，花片的厚度约 5 nm。

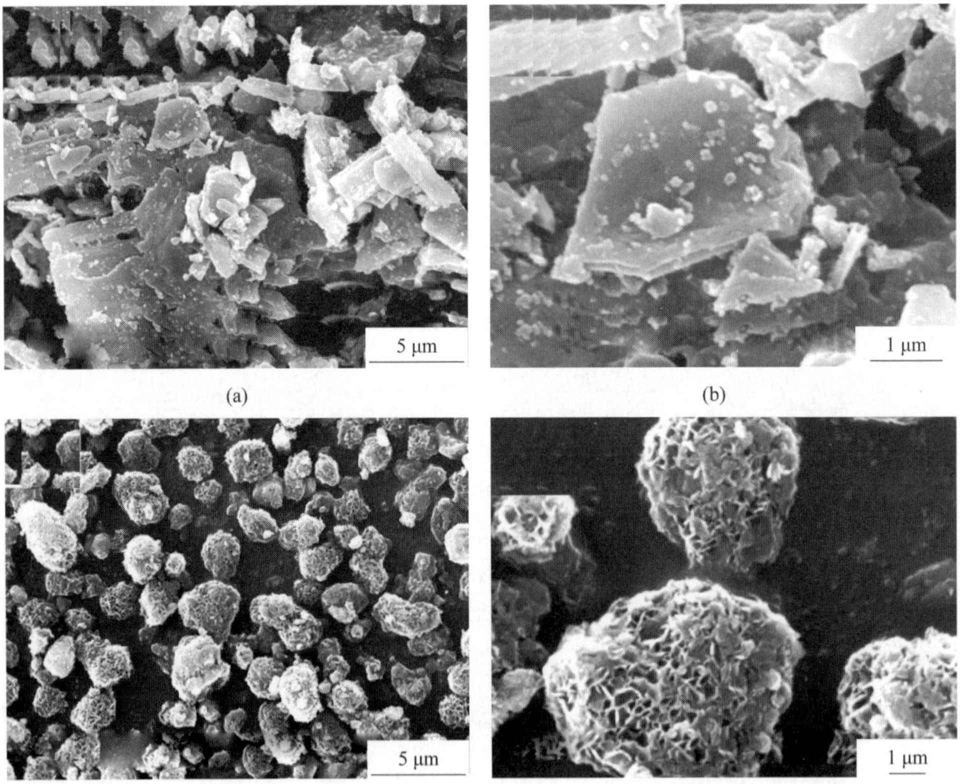

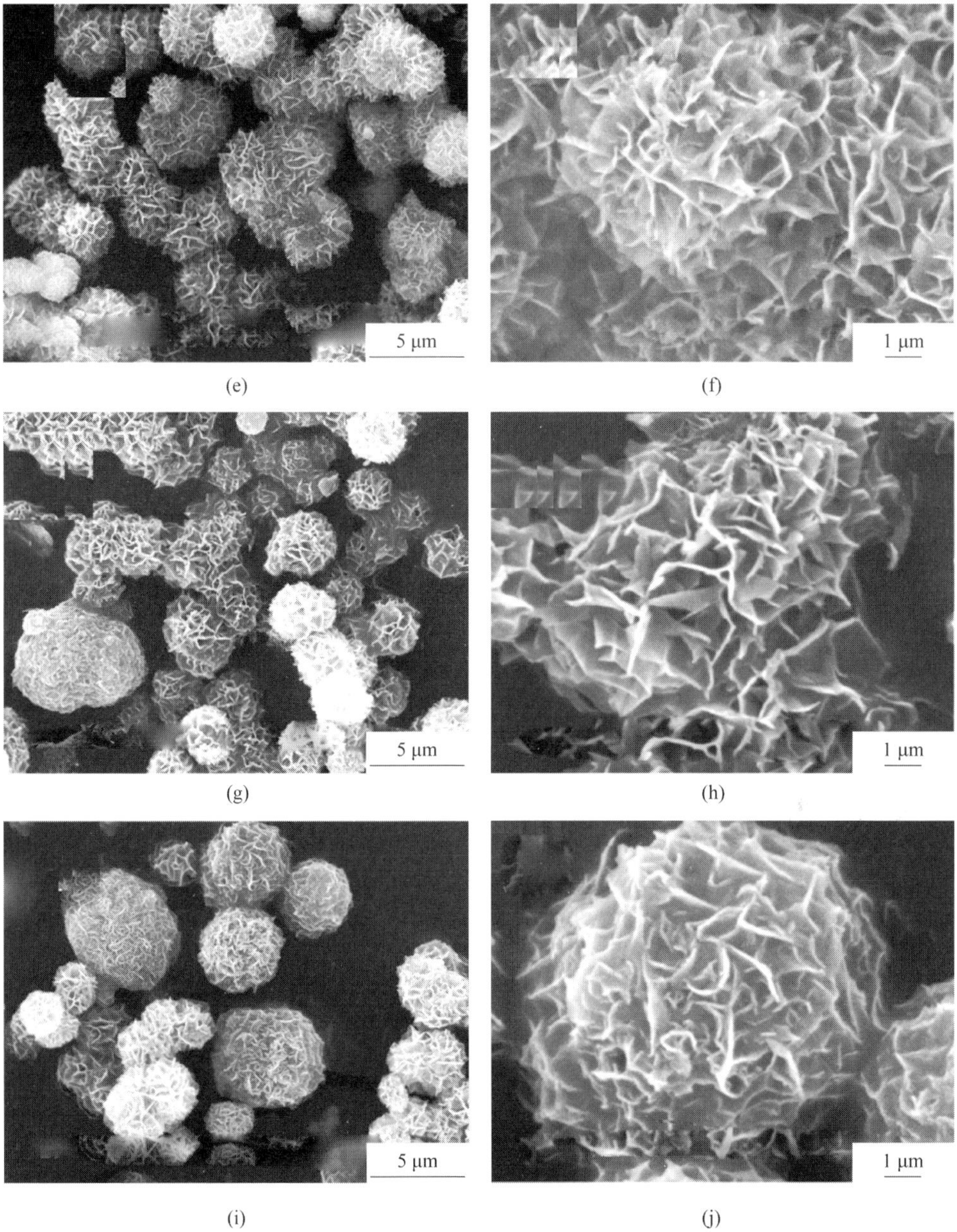

图 3-11　不同水热保温时间下 α-$Ni(OH)_2$ 样品的 SEM

(a) 0.5 h, ×5000; (b) 0.5 h, ×20000; (c) 1 h, ×5000; (d) 1 h, ×20000;
(e) 1.5 h, ×5000; (f) 1.5 h, ×20000; (g) 2 h, ×5000;
(h) 2 h, ×20000; (i) 4 h, ×5000; (j) 4 h, ×20000

由以上分析可知，在以 SDS 为表面活性剂，尿素为沉淀剂的情况下，其形成纳米结构花状的可能机理[137]［见图 3-12（a）］是：在反应初始阶段，离子交

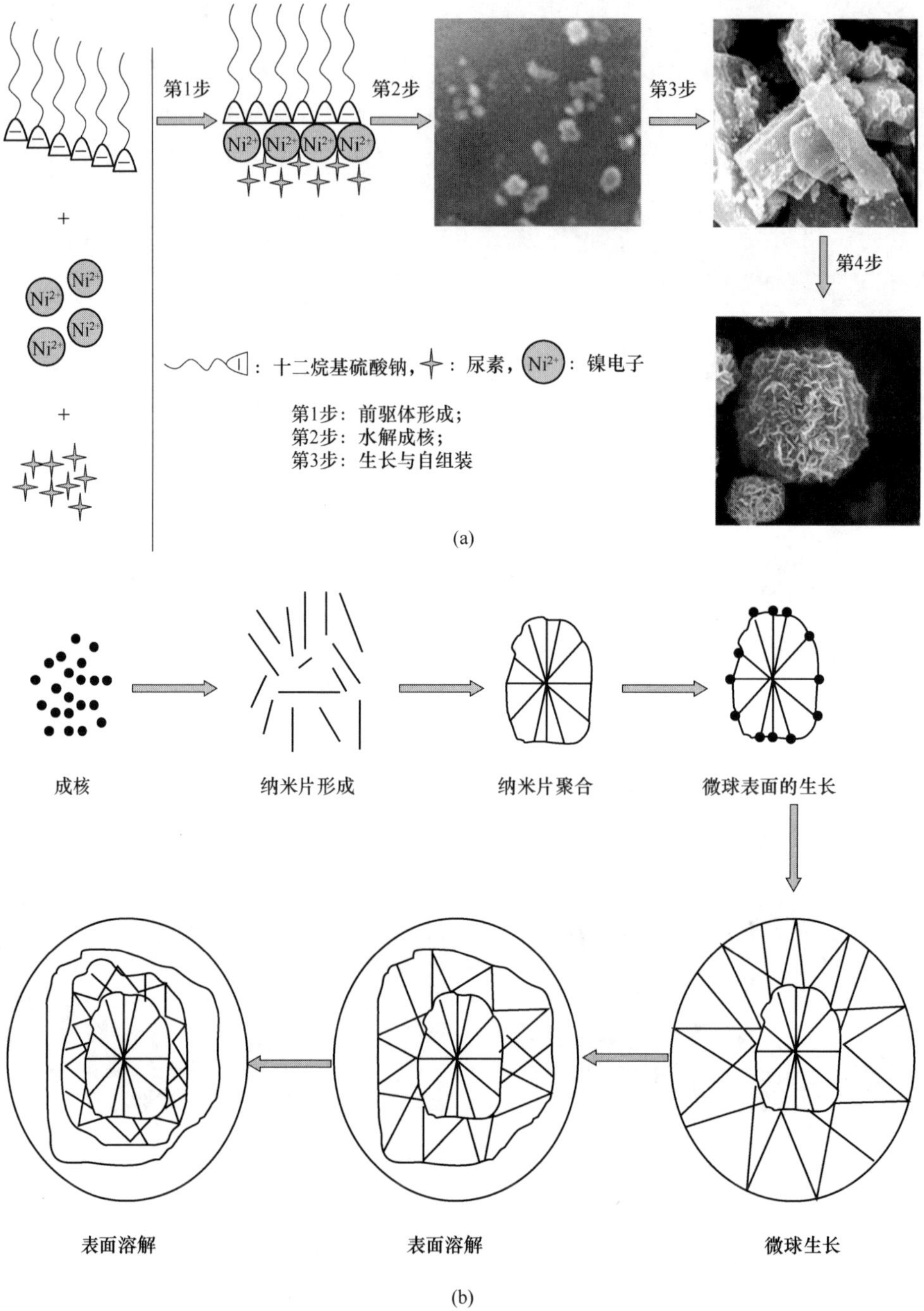

图 3-12　3D 花片状 α-Ni(OH)$_2$ 微球生长过程（a）和成核生长再溶解过程（b）

换和配位效应发生，即在静电力的作用下 SDS 逐渐被 Ni^{2+} 所替代；同时，由于 Lewis 的存在作用，配位效应使尿素能够与 Ni^{2+} 进行配位。因此，在初始阶段能够形成复合的前驱体。随着反应温度的增加，尿素分子逐渐水解分解出氨分子，溶液的 pH 值升高，避免了溶液发生过饱和，从而有利于前驱晶体的均匀成核。溶液中 α-$Ni(OH)_2$ 的核心很多，成核的晶粒随着反应时间的持续，开始长大，由于 α-$Ni(OH)_2$ 晶体特有的片层状结构，这些晶体逐渐聚集形成片状；且各纳米片中存在大量的层间水，纳米片之间由于发生定向氢键作用而团聚，片状晶体自组装形成 3D 特定结构的 $Ni(OH)_2$ 花状微球结构。在该过程中，溶液的 $Ni(OH)_2$ 花状微球主要以 $Ni(OH)_2$ 纳米片团聚的方式生长，粒径分布不均匀，花瓣边缘粗糙，如图 3-11（a）（d）所示。随着时间的延长、反应的进行，纳米片的厚度增加，且微球的直径增大。同时，在溶液中的 $Ni(OH)_2$ 沉淀以形成的花状微球表面成核继续生长，这种表面生长方式也导致 $Ni(OH)_2$ 花状微球粒径增大，从而得到最终的花状结构，花瓣边缘变得圆滑，如图 3-11（e）（f）所示。提供自组装 3D 花状结构 $Ni(OH)_2$ 的动力可能有静电力及与偶极场相关的聚合作用、憎水作用、氢键、晶面取向作用及范德瓦尔斯力。在实验条件下，由于过量的尿素分子和 OH^- 的存在，在配位作用下，静电力和氢键是主要的自组装动力。当反应进行到一定程度时，生成的部分 $Ni(OH)_2$ 沉淀与反应溶液中水解生成的氨水络合发生溶解，从而导致已生成的 $Ni(OH)_2$ 花状微球的整体尺寸减小，花瓣长度相应减小，微球表面变得粗糙，如图 3-11（g）（h）所示。整个从成核生长到溶解再生长的过程如图 3-12（b）所示。

3.4.1.2 电化学性能分析

由于在水热 2 h 和 4 h 都能生长为形貌结构较好的 α-$Ni(OH)_2$ 微球，此实验中只测试了水热 2h 和 4h 样品的电化学性能。从图 3-13（a）（c）中可以看出，在扫描速度为 5 mV/s 时，出现一对明显的氧化还原峰，这表明活性物质电极发生了法拉第氧化还原反应，且 $Ni(OH)_2$ 材料具有典型的赝电容特性，此氧化还原峰是 $Ni(OH)_2$ 中的 Ni^{2+} 与 NiOOH 中的 Ni^{3+} 之间的准可逆转化过程，所出现的氧化还原峰的电流峰基本对称，这说明在水热保温 2 h 和 4 h 条件下，所制备的 α-$Ni(OH)_2$ 样品电极表面和内部具有良好准可逆性的电化学反应。当以反方向电流扫描时，电流几乎在瞬间反向，这说明在 3 种扫描速度下，电极与电解液离子间的电荷交换是以恒定的速率进行，电极具有较好的可逆性。当扫度增大至 10 mV/s 或 20 mV/s 时，氧化还原峰逐渐消失，且在 0.45 V 附近的极化增大。

从图 3-13（b）可以看出，当水热保温时间为 2 h、电流密度从 2 mA/cm^2 增大至 20 mA/cm^2 时，放电时间从 2832 s 减小至 94 s。图 3-13（d）中的放电曲线与图 3-13（b）有相似的规律，这说明随着电流密度的增大，其比电容在减小。这是由于当大电流充放电时，电极上会短时间吸附大量的电解液 OH^- 离子，造成

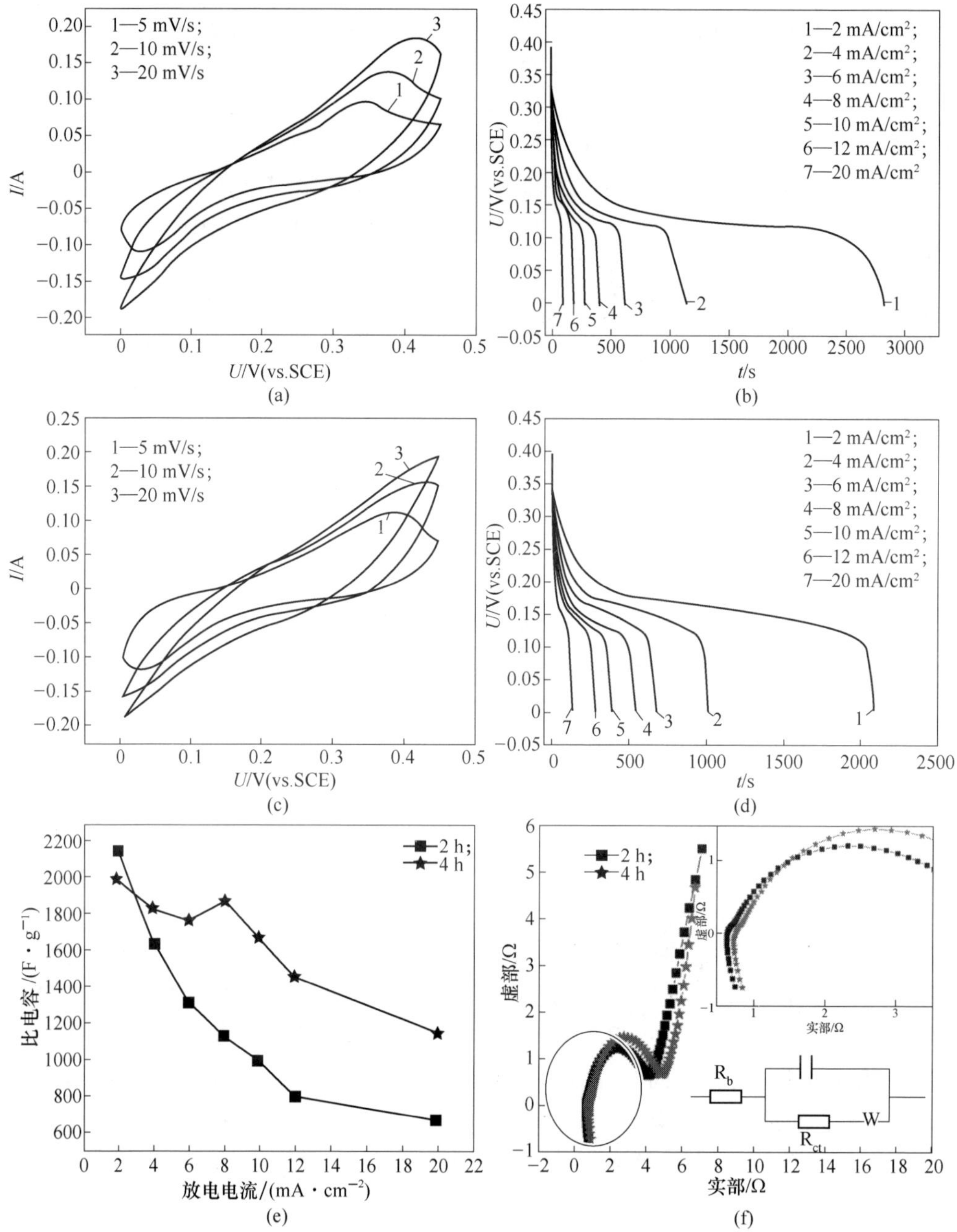

图 3-13　不同温度下制备 α-Ni(OH)$_2$ 样品的电化学性能

(a) 水热不同时间循环伏安曲线 (2 h); (b) 放电曲线 (2 h);

(c) 不同电流密度下比电容曲线 (4 h); (d) 放电曲线 (4 h)

(e) 不同电流密度下比电容曲线; (f) 阻抗曲线

电极与电解液界面处的电解液离子浓度急速下降，而电解液中离子的扩散传质速率相对较慢，不能满足电极充/放电所需电子数，造成电极上由液相扩散引起的极化增大，当形成控制步骤时，即使外加电位不断上升，电极上电荷增加的速度也相对较慢，从而引起电极在大电流下的容量损失。从图 3-13（e）的具体比电容随电流密度的变化也可以看出，两种保温时间所制备的 α-$Ni(OH)_2$ 样品在电流密度增大的过程中，比电容减小，这与放电曲线结果一致。但在整个减小的过程中、除在 2 mA/cm^2 时，水热保温 4 h 所制备的 α-$Ni(OH)_2$ 样品的比电容值小于水热保温 2 h 所制备的样品外，其他电流密度下水热保温 4 h 所得样品均优于保温 2 h 所得 α-$Ni(OH)_2$ 样品，这主要是因为增加水热保温时间的过程，是 α-$Ni(OH)_2$ 生长结晶更加完善的过程，有利于电化学反应中 OH^- 的嵌入与脱出，从而提高电化学性能。通过以上分析可知，在水热制备 α-$Ni(OH)_2$ 样品的过程中，保温较长的水热时间是有必要的。

图 3-13（f）是水热保温不同时间（2 h 和 4 h）所制备 α-$Ni(OH)_2$ 样品的阻抗曲线，测试电压分别在开路电压下 0.173 V 和 0.167 V 下，振幅为 0.005 V，频率范围为 10^{-2}～10^5 Hz；插图为高频部分放大图和等效电路图。从图 3-13（f）中可以看出，电极的交流阻抗图可以分成高频区、中频区和低频区三部分。图中曲线高频区与实轴 Z' 的截距表示电极内阻 R_i（它包括电极材料自身的电阻 $R_{electrode}$ 和鲁金毛细管口到电极表面之间电解液的电阻 $R_{electrolyte}$）。由图 3-13（f）可知，在水热保温 2 h 和 4 h 时所制备 α-$Ni(OH)_2$ 样品电极的内阻 R_i 分别为 0.726 Ω 和 0.828 Ω，这反映出所制备的样品具有较小的内阻。另外，随着水热保温时间的增加，电极内阻逐渐增大，在水热保温 2 h 时，其开路电压为 0.173 V，大于在水热保温 4 h 时的开路电压（0.167 V），这可能是因为电位升高的同时伴随着 $Ni(OH)_2$ 向 NiOOH 的逐渐转化，而 NiOOH 的导电性要高于 $Ni(OH)_2$ 的导电性；高频区第一象限中出现一段较小的圆弧，这表明此时电极处于电化学极化控制，该圆弧的直径即为电化学反应电阻 R_r，其值与法拉第反应有关的传荷电阻有关。由图 3-13（f）可以看出，水热保温 2 h 和 4 h 时所制备 α-$Ni(OH)_2$ 样品的电极内阻 R_i 分别为 3.342 Ω 和 3.979 Ω；低频区域阻抗曲线几乎是一条近 45°的曲线，这表明电荷扩散控制过程，也表明在这两个水热保温时间都具有低的扩散阻抗。

3.4.2 沉淀剂的影响

3.4.2.1 材料相组成及结构分析

A XRD 分析

为了深入了解 $Ni(OH)_2$ 在制备过程中的形成机理，在制备前驱体溶液时，将沉淀剂尿素分别换成 NaOH 和 $NH_3 \cdot H_2O$，其他制备过程与前述实验相同。不同（如 NaOH 和 $NH_3 \cdot H_2O$）沉淀剂下制备 $Ni(OH)_2$ 样品的 XRD，如图 3-14 所示，从图中可以看出，在两种沉淀剂下所制备样品的峰位相同，谱峰与标准图谱 JCPDS No. 14-0117 一致，从而可以确定样品为 β-$Ni(OH)_2$，且没有明显的杂质峰出现。由此可知，在直接用强碱 NaOH 和 $NH_3 \cdot H_2O$ 并不能得到 α-$Ni(OH)_2$ 相，这说明尿素在高温水热的过程中缓慢分解出 NH_3，这对 α-$Ni(OH)_2$ 相的形成起到非常重要的作用。在两种沉淀剂所制备的 β-$Ni(OH)_2$ 样品中，以 $NH_3 \cdot H_2O$ 为沉淀剂的各谱峰比较尖锐，这表明其结晶度较高。其晶粒大小可由谢乐公式计算，由此可得在 NaOH 和 $NH_3 \cdot H_2O$ 为沉淀剂所得的 β-$Ni(OH)_2$ 样品的晶粒尺寸分别约为 8. 60 nm 和 19. 49 nm。

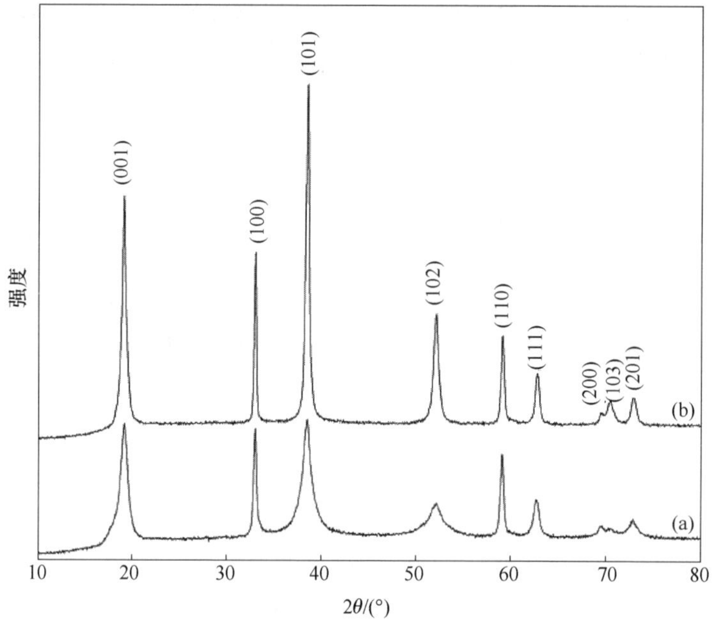

图 3-14 不同沉淀剂下制备 $Ni(OH)_2$ 样品的 XRD

（a）NaOH；（b）$NH_3 \cdot H_2O$

B SEM 分析

不同沉淀剂（如 NaOH 和 $NH_3 \cdot H_2O$）所制备 β-$Ni(OH)_2$ 样品的 SEM，如图 3-15 所示。在以 NaOH 为沉淀剂时，可以得到无序的团聚状的片状形貌，如图 3-15（a）所示。当以 $NH_3 \cdot H_2O$ 为沉淀剂时，出现形貌不规则、大小不均匀的块层状结构、蝴蝶形纳米片状及有纳米片组成的微球状结构的混合形貌组成［见图 3-15（b）（c）］，其组成微球的“花瓣”由不同尺寸的 β-$Ni(OH)_2$ 纳米片多层次结构构成，微球的直径为 1~5 μm。部分组成花状微球的花片比用尿素作沉淀剂所制备的 β-$Ni(OH)_2$ 样品的厚度增加到约 100 nm。β-$Ni(OH)_2$ 的纳米片形状各异，大小不一，无序分布，但厚度较均匀。由此可见，在 NaOH 和 $NH_3 \cdot H_2O$ 两种沉淀剂下得到的形貌与尿素为沉淀剂截然不同，尿素在水热缓慢水解对形貌的形成具有重要的作用。

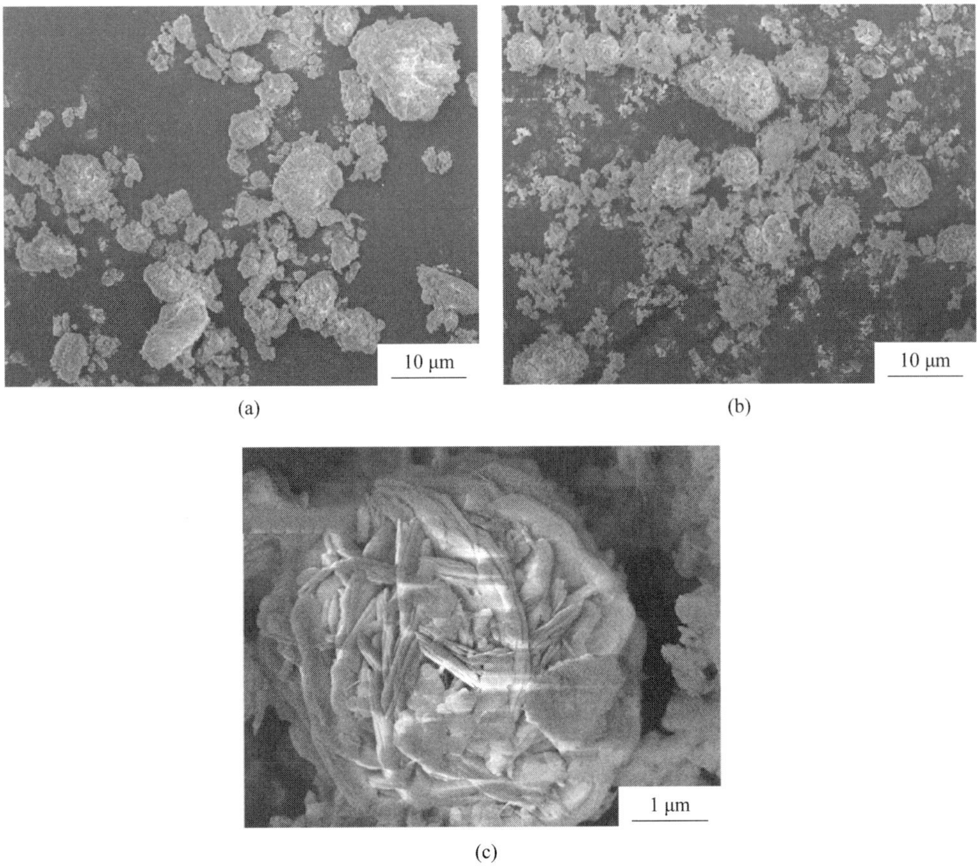

图 3-15 其他沉淀剂制备 β-$Ni(OH)_2$ 样品的 SEM

(a) NaOH；(b)(c) $NH_3 \cdot H_2O$

3.4.2.2 电化学性能分析

从图 3-16（a）和（c）可以看出，在两种不同沉淀剂下的循环伏安曲线有相似的曲线，当扫描速率为 5 mV/s 时，出现一对较宽的氧化还原峰，这说明发生了法拉第反应，具有赝电容性质。氧化还原峰为 Ni^{2+} 与 Ni^{3+} 的相互转化过程，即 $Ni(OH)_2$ 与 NiOOH 之间的准可逆转化过程。随着扫描速度的增加，循环伏安曲线的形状改变，且在 0.45 V 时极化增大，电容随之减少，此结果与其各自的放电曲线的结果一致。

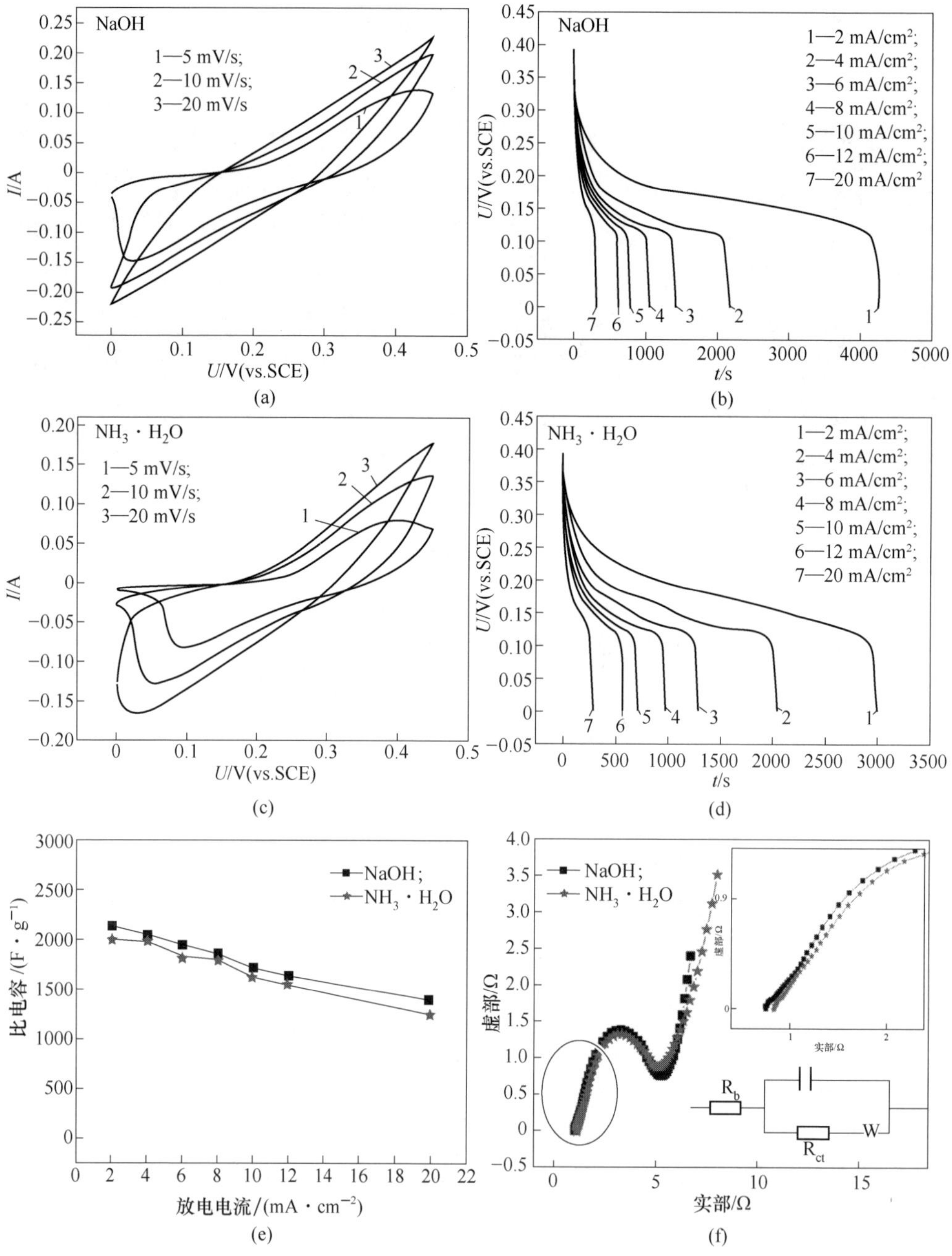

图 3-16 不同沉淀剂制备样品的电化学性能

(a)(c)循环伏安曲线;(b)(d)放电曲线;

(e)不同电流密度下比电容曲线;(f)阻抗曲线

从图 3-16（b）和（d）的放电曲线可以看出，随着电流密度的增大，放电时间减小得比较迅速，即当以 NaOH 为沉淀剂时，放电时间从 2 mA/cm^2 时的 4330 s 减小至 318 s，以 $NH_3 \cdot H_2O$ 为沉淀剂时，放电时间从 2 mA/cm^2 时的 3030 s 减小至 283 s，这说明放电比电容随着扫描速度的增大而减小。由图 3-16（e）的具体比电容随电流密度变化可知，当 NaOH 为沉淀剂时，比电容从 2126 F/g 减小到 1386 F/g；当以 $NH_3 \cdot H_2O$ 为沉淀剂时，比电容从 2000 F/g 减小到 1249 F/g。此结果与循环伏安的扫描结果是相似的。在整个电流密度测试范围内，以 NaOH 为沉淀剂时所制备的 β-$Ni(OH)_2$ 样品的比电容稍优于以 $NH_3 \cdot H_2O$ 为沉淀剂时的比电容。出现此现象可能是因为以 NaOH 为沉淀剂时所制备的 β-$Ni(OH)_2$ 样品的形貌为片状结构，而以 $NH_3 \cdot H_2O$ 为沉淀剂时所制备的 β-$Ni(OH)_2$ 样品为较厚片状结构与片状结构的混合状态，片状结构更容易与电解液溶液中的 OH^- 接触，从而发生更完全的电化学反应，提高电化学性能。

图 3-16（f）是不同沉淀剂时所制备的 β-$Ni(OH)_2$ 的阻抗曲线，电极分别在其各自的开路电压为 0.152 V 和 0.158 V，测试频率为 10^{-2} ~ 10^5 Hz，振幅为 0.005 V，插图为高频区放大图和等效电路。二者在高频区都有一半径稍有变形的半圆；在中频区，有明显近 45°角的曲线，这表明电荷扩散控制过程；在低频区，存在近 90°的曲线，这表明材料具有良好的电容性能。比较以上两个曲线可知，从高频曲线与实轴的交点可以读取的内阻 R_i 为 0.698 Ω 和 0.782 Ω，从二者数值可以看出，以 $NH_3 \cdot H_2O$ 为沉淀剂时所制备的 β-$Ni(OH)_2$ 电极略高于以 NaOH 为沉淀剂所制备的样品。在高-中频区，以 NaOH 和 $NH_3 \cdot H_2O$ 为沉淀剂所制备样品半圆在拐角处位置所对应的阻抗分别为 4.322 Ω 和 4.268 Ω，半径略微减小，这表明与法拉第反应有关的传荷电阻逐渐减小，这与 β-$Ni(OH)_2$ 材料的表面反应有着密切的关系。

3.4.3 尿素加入量的影响

3.4.3.1 材料相组成及结构分析

A XRD 分析

图 3-17 为不同尿素加入量［加入量减半（10 mmol）和加倍（40 mmol）时］的 XRD 谱图，从图中可以看出，当沉淀剂尿素的加入量减半时，其谱峰纯相的 α-$Ni(OH)_2$ 一致，没有杂峰出现；样品的谱峰强度较尖锐，这表明样品结晶度较高。由此可见，当沉淀剂尿素物质的量减半时，所制备的粉末样品仍能保持 α-$Ni(OH)_2$ 的纯相。根据谢乐公式可以计算得到晶粒的大小约为 18.07 nm。当沉淀剂尿素物质的量加倍增加到 40 mmol 时，样品的峰与标准图谱 JCPDS No. 15-782 对比一致，可以确定样品为 $Ni(HCO_3)_2$，通过谢乐公式可以计算出晶

粒的大小约为 26.86 nm。在 12.8°、25.8°和 33.0°附近出现与 α-$Ni(OH)_2$ 对应的峰，这说明所制备的 $Ni(HCO_3)_2$ 含有一定量的 α-$Ni(OH)_2$ 相。在尿素 40 mmol 时，此过程中为尿素过量，首先是尿素在水热条件下水解生成二氧化碳和氨，氨水解生成氢氧根离子，溶液中的镍离子与氢氧根离子结合成氢氧化镍沉淀，氢氧化镍沉淀与过量尿素生成的二氧化碳结合生成碳酸氢镍，具体发生的化学反应为：

$$CO(NH_2)_2 + H_2O \longrightarrow CO_2 + 2NH_3\downarrow \tag{3-2}$$

$$NH_3 + H_2O \longrightarrow NH_4^+ + OH^- \tag{3-3}$$

$$Ni(NO_3)_2 + 2OH^- \longrightarrow Ni(OH)_2\downarrow + 2NO_3^{2-} \tag{3-4}$$

$$Ni(OH)_2 + 2CO_2 \longrightarrow Ni(HCO_3)_2 \tag{3-5}$$

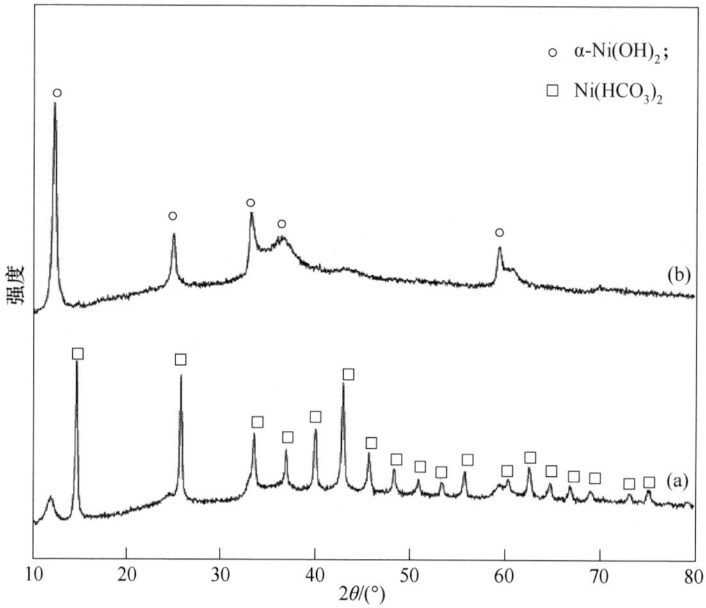

图 3-17　不同尿素加入量的 XRD

（a）40 mmol 尿素；（b）10 mmol 尿素

由以上分析可知，在沉淀剂尿素减半（10 mmol）时，仍能够保持 α-$Ni(OH)_2$ 纯相结构。当沉淀剂尿素的量增加到 2 倍（40 mmol）时，由于沉淀剂的过量，生成的是 $Ni(HCO_3)_2$ 且含有微量的 α-$Ni(OH)_2$ 相，这说明沉淀剂的加入量对物相起到了决定性的作用。

B　SEM 分析

图 3-18 为加入 10 mmol 尿素时所制备纯相 α-$Ni(OH)_2$ 样品的 SEM，从图中可以看出，每一个颗粒为微球状，每一个微球由若干纳米片垂直球面交叉生长组

成。微球的直径较小且较均匀，直径为 1~5 μm；纳米片的厚度较薄，大约为 50 nm。组成花状微球的纳米片为多层次结构，且较粗糙，这是由于尿素量减半时，沉淀剂量不足，刚形成的 α-Ni(OH)$_2$ 微球无法进行继续生长，且没进行溶解再生长，因此微球的直径较小，且纳米片表面粗糙。当纳米片的表面较光滑时，有利于电化学反应中 OH$^-$的嵌入与脱出，增加 α-Ni(OH)$_2$ 的电容性能。因此，只有当沉淀剂尿素的量适量时，才能够生成表面光滑的 α-Ni(OH)$_2$ 样品。在加入 20 mmol 沉淀剂尿素时，为较适中的量，能够生成表面较光滑的 α-Ni(OH)$_2$。

图 3-18 加入 10 mmol 尿素时所制备纯相 α-Ni(OH)$_2$ 样品的 SEM

3.4.3.2 电化学性能分析

图 3-19 是不同量尿素沉淀剂所制备样品的化学性能。从图 3-19（a)(c）的循环伏安曲线可以看出，在扫描速度为 5 mV/s 时，循环伏安曲线的形状显示了 Ni(OH)$_2$ 相的电容特征与双电层电容有明显不同，双电层电容的循环伏安曲线接近于理想的矩形，这就象征着材料的电容主要是基于氧化还原机制的赝电容。由电子转移的可逆过程与曲线明显可见，当电位扫描 Ni(OH)$_2$ 电极时，发生了一种非可逆的氧化还原过程，从而出现了一对氧化还原峰，且氧化还原电流较大，是电极大比电容的主要来源。其过程主要是 Ni(OH)$_2$ 与 NiOOH 之间的相互转化过程，表明测量到的电容主要基于一个氧化还原机制。当扫描速度增大时，阳极峰位正移，阴极峰位负移，峰电位差值逐步增加，这表明随着扫描速度的增大，电极的极化强度增加，反应的不可逆性加强。从图 3-19（b）（d）可以看出，两图中的放电曲线具有相似的规律，曲线显示了材料的比电容既不是纯粹的双电层电容，也不是纯粹的赝电容，这与循环伏安曲线结果是一致的。图 3-19（b）（d）曲线还呈现出两个不同的阶段：一段是电压低于 0.1 V 的曲线部分，在此阶段的电压依赖于时间而线性变化，表现出了由电极和电解液表

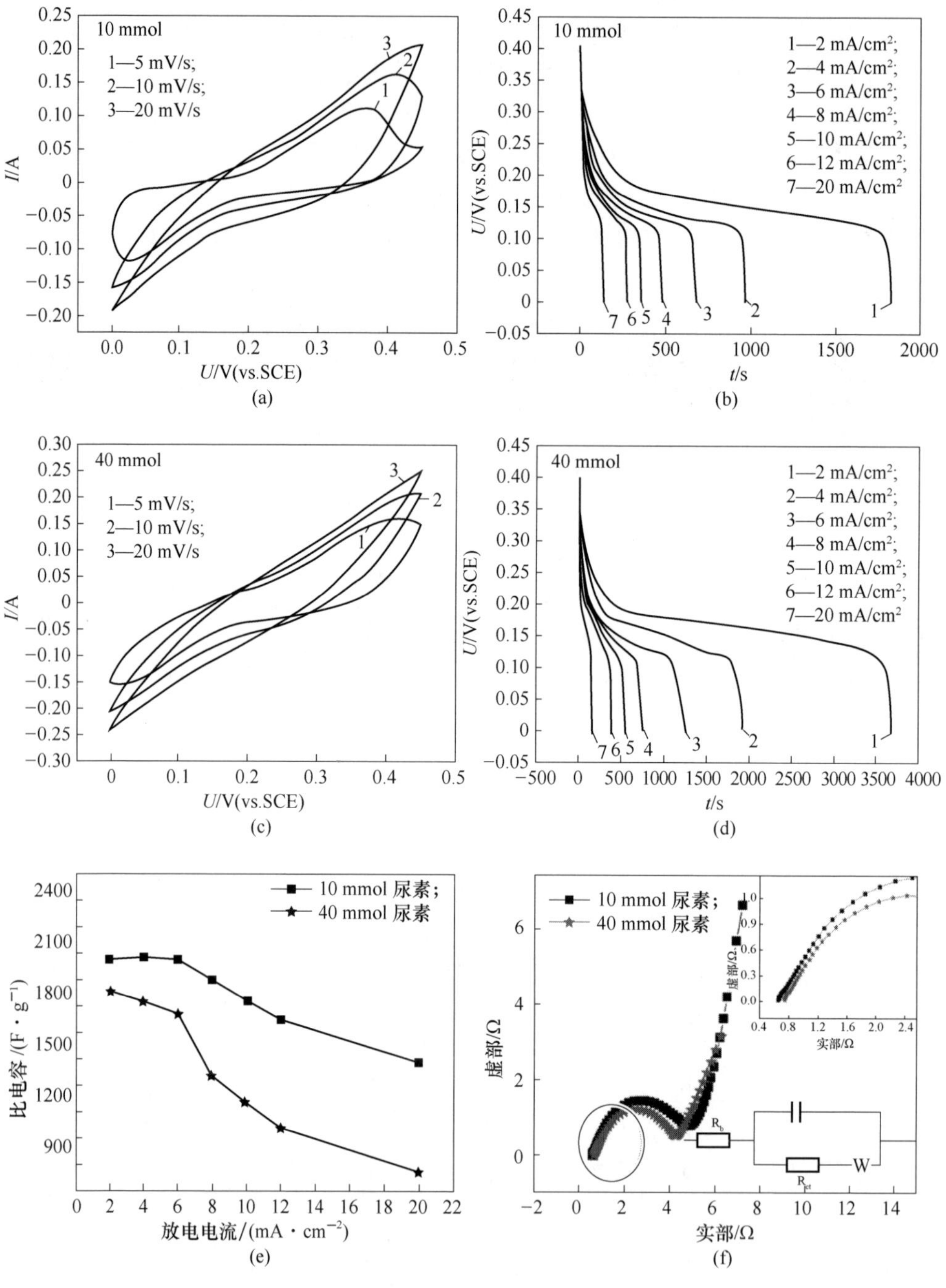

图 3-19　不同量尿素沉淀剂量所制备样品的化学性能

（a）（c）循环伏安曲线；（b）（d）放电曲线；

（e）比电容曲线；（f）交流阻抗曲线

面的荷分离而产生的双电层行为；而另一段则是电压从 0.1 V 至 0.4 V 的倾斜曲线部分，此阶段呈现出了由化学吸附-解吸附（或氧化还原反应）而产生的典型赝电容行为。图 3-19（e）为根据比电容的计算公式计算出比电容随电流密度变化的曲线。在不同尿素沉淀剂量所制备样品的比电容随电流密度的增大而减小，当电流密度为 2 mA/cm^2 时，10 mmol、40 mmol 尿素的比电容分别为 2007 F/g 和 1822 F/g，当电流密度增加到 20 mA/cm^2 时，比电容分别减小到 1402 F/g 和 768 F/g。这说明当放电电流密度从 2 mA/cm^2 增大到 20 mA/cm^2 时，材料的比电容有了明显的降低，且尿素量过量时的比电容减小得更严重些，这是因为在电化学反应的氧化还原过程中，质子的交换是在电极活性物质内部的电解液中进行，质子交换的过程相对较慢，较大的放电电流会导致氧化还原过程中电极内部电解液中质子的耗损或过饱和，从而导致离子电阻系数增加，整个体系的电化学比容量降低。在整个电流密度测试条件下，当 10 mmol 尿素沉淀剂物质的比电容均高于 40 mmol 尿素沉淀剂物质的比电容，同时两种沉淀剂量（10 mmol、40 mmol）在放电电流密度为 2 mA/cm^2 时的比容量分别是放电电流（10 mA/cm^2）的 88%和 64%，充/放电效率特性与比电容有相似的规律。其主要原因可能是由于在加入尿素沉淀剂的物质的量减半（10 mmol）时，所制备的样品仍能保持 α-$Ni(OH)_2$ 纯相，而在尿素沉淀剂加入的物质的量加倍（40 mmol）时，所生成的样品是 $Ni(HCO_3)_2$ 和 $Ni(OH)_2$ 混合相，因而在整个测试电流密度范围内，尿素沉淀剂加入量减半时的比电容和放电效率均优于沉淀剂加倍时的比电容和放电效率。

分别加入 10 mmol 和 40 mmol 的尿素沉淀剂制备样品，其开路电压分别为 0.161 V 和 0.172 V，振幅为 0.005 V，测试频率为 10^{-2}~10^5 Hz。图 3-19（f）为所制备样品的交流阻抗复数平面图，图中两种样品的交流阻抗曲线都可以分为高频区和低频区两部分，插图为高频放大图和等效电路图。各曲线与实轴的交点数值代表电极的内在阻抗，它包括了电解液的离子阻抗、电极材料的本征阻抗和电活性物质与集流体的接触阻抗。从图 3-19（f）中可以看出，用 10 mmol、40 mmol 沉淀剂所制备样品电极的内在阻抗分别为 0.65 Ω、0.738 Ω，也就是说沉淀剂加入量加倍时，内在阻抗增加，其原因主要是生成的 $Ni(HCO_3)_2$ 相的导电性较差，因此电极材料的阻抗增大。高频区的半圆代表了与电极活性物质表面性能有关的感应电荷转移阻抗，从图 3-19（f）中可以看出，10 mmol、40 mmol 沉淀剂下所制备的电极材料的电荷转移阻抗分别为 4.272 Ω、3.569 Ω。低频区中，稍有倾斜的直线代表了电极活性物质电解液离子的扩散阻抗（Warburg 阻抗），低频区几乎与横轴垂直的曲线表明了所有电极材料都具有很小的扩散阻抗。这些结果都说明了其得到的电极材料具有良好的超级电容器的性能。

3.4.4 表面活性剂的影响

3.4.4.1 材料相组成及结构分析

A 未加 SDS 时的表征

a XRD 分析

表面活性剂对水热反应中的结构和形貌可能产生较大的影响，因此首先在未加 SDS 时对结构与形貌的影响进行实验。实验中未加 SDS 表面活性剂，其他实验条件不变，其 XRD 如图 3-20 所示。从图 3-20 可以看出，其谱峰为纯相的 α-Ni(OH)$_2$ 的衍射峰，且没有明显的杂质峰出现，根据谢乐公式计算得到样品 α-Ni(OH)$_2$ 的晶粒尺寸为 11.11 nm。由此可知，SDS 表面活性剂不影响 α-Ni(OH)$_2$ 相的形成。

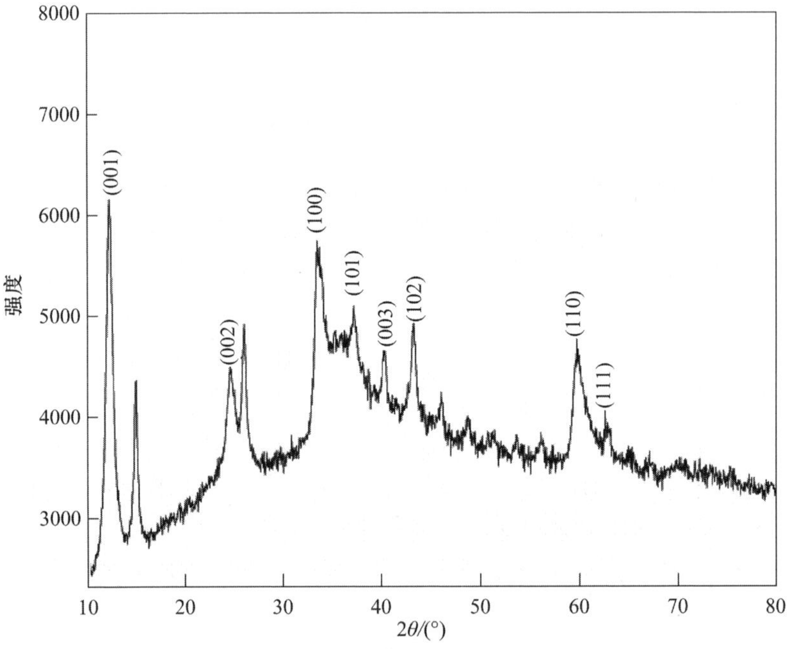

图 3-20 未加 SDS 时样品的 XRD

b SEM 分析

图 3-21 是未加 SDS 时样品的 SEM，从图可以看出，整体呈微球状，微球的直径为 1~5 μm。微球并未出现纳米片状多层次结构，而是由絮状的多层次结构组成的。由此可见，未加 SDS 的情况下不能形成纳米片状结构，这说明 SDS 表面活性剂在形成纳米片状结构时起了关键的作用。

图 3-21　未加 SDS 时样品的 SEM

B　加入其他表面活性剂的表征

a　XRD 分析

由于实验中选择了阴离子表面活性剂 SDS，为了考察 SDS 在水热过程中的作用，在此实验中选用了不同表面活性剂（阴离子表面活性剂 SDBS、阳离子表面活性剂 CTAB、非离子表面活性剂 PVP），并在其他条件不变的情况下所制备样品。图 3-22 为利用不同表面活性剂所制备样品的 XRD 谱图，从图中可以看出，在以不同表面活性剂所制备的样品的谱峰出现相同，根据衍射峰的位置可知，其中含有 α-$Ni(OH)_2$ 相存在；另外，在 15°、26°、43°与 JCPDS No. 15-782 上三强峰（110）、（211）、（400）吻合，同时在 45°~60°的小衍射峰能够与此卡片的（330）、（420）、（332）、（422）、（510）对应，这说明所制备的样品中含有 $Ni(HCO_3)_2$ 相。其晶粒大小可由谢乐公式计算，即可得在 SDBS、CTAB、PVP 为沉淀剂时，所得样品的晶粒尺寸分别约为 8.06 nm、11.69 nm、11.26 nm。由此可推断，在 SDBS、CTAB、PVP 所制备的样品中存在 α-$Ni(OH)_2$ 和 $Ni(HCO_3)_2$ 两相，可见在制备 α-$Ni(OH)_2$ 样品纯相的过程中，表面活性剂对相的形成起到非常重要的作用。

b　FESEM 分析

为了进一步观察实验产物的形貌，对不同表面活性剂所制备的样品进行场发射扫描电镜测试，如图 3-23 所示。从图 3-23 中可以看出，在以 SDBS、CTAB、PVP 为表面活性剂时，所制备的样品形貌呈微球状，微球的直径为 1~5 μm，且微球直径分布不均匀。该微球是由具有纳米片状自组装所形成的，花片的厚度大约为 5 nm，比较在以 SDS 为表面活性剂条件下所制备的 α-$Ni(OH)_2$ 纯相的微球直径大，花片的厚度薄。由此说明在以 SDBS、CTAB、PVP 为表面活性剂时，虽生成了由纳米片状的微球结构，但其直径并不均一。

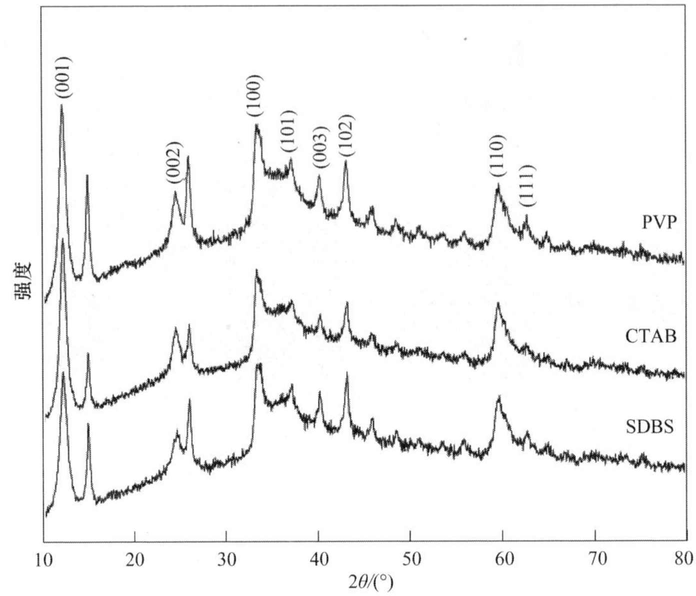

图 3-22　不同表面活性剂制备样品的 XRD

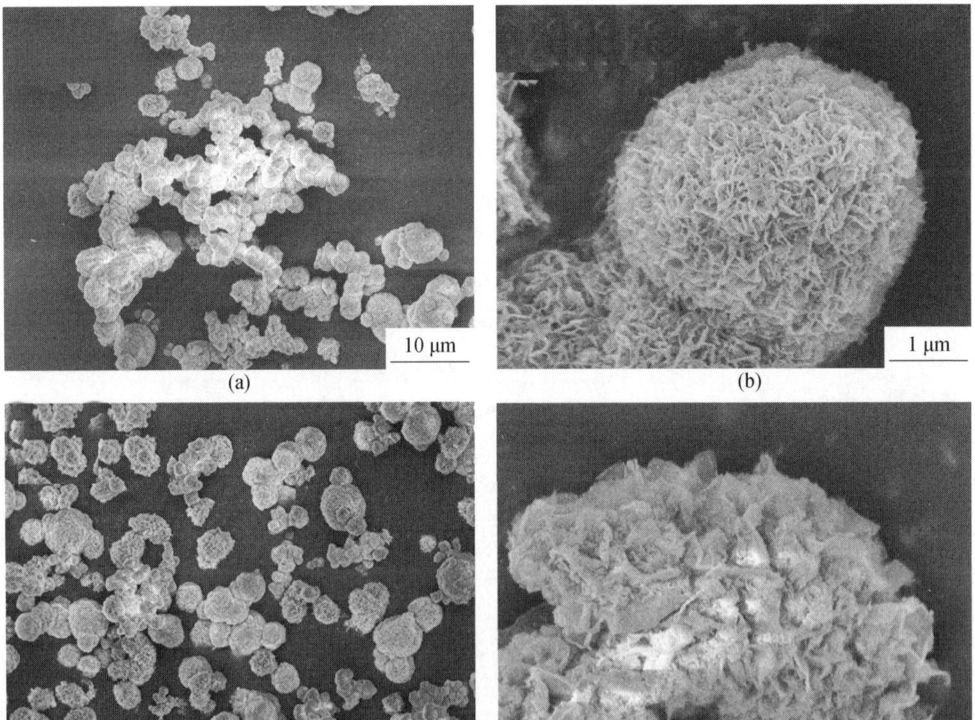

(e)　(f)

图 3-23　不同表面活性剂制备 $Ni(OH)_2$ 样品的 FESEM

(a)（b）SDBS；（c）（d）CTAB；（e）（f）PVP

3.4.4.2　电化学性能分析

由于未加 SDS 时其形貌发生了较大的改变，在此实验中未对其进行电化学性能测试。图 3-24 是不同表面活性剂（如 SDBS、CTAB、PVP）制备 $Ni(OH)_2$ 样品的电化学性能（电解液为 6 mol/L KOH）。由图 3-24（a）（c）（e）可以看出，在三种表面活性剂下所制备的 $Ni(OH)_2$ 样品的循环伏安曲线有相似的规律。所有得到的电极材料的电容特征与双电层也有明显不同，电子转移的可逆过程在曲线中明显可见，在扫描速度为 5 mV/s 时，有一对明显的氧化还原峰，且氧化还原电流较大，其中氧化峰（0.393 V）对应 Ni^{2+} 氧化成 Ni^{3+} 的过程，还原峰（0.016 V）对应其逆过程，从而表现出典型的基于氧化还原机制的赝电容行为。氧化峰与还原峰之间的峰位差大于 0.3 V，远高于可逆单电子转移过程的理论峰位差值 0.058 V，由此可以判断在循环伏安阳极扫描过程中，该反应是准可逆的

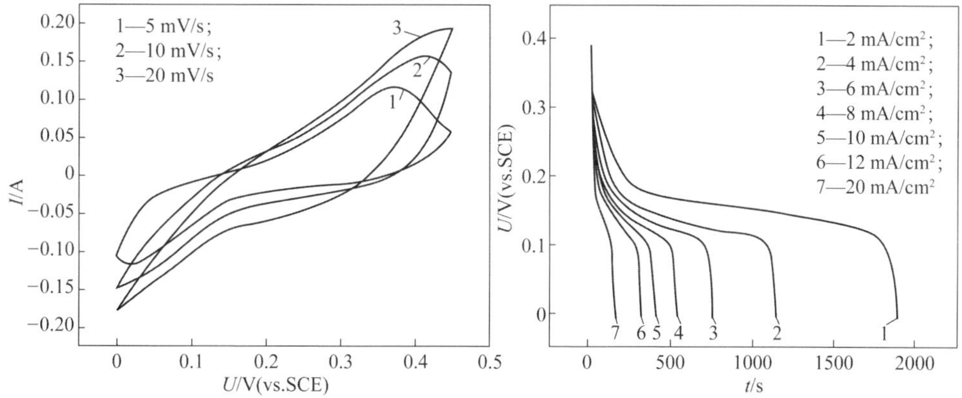

(a)　(b)

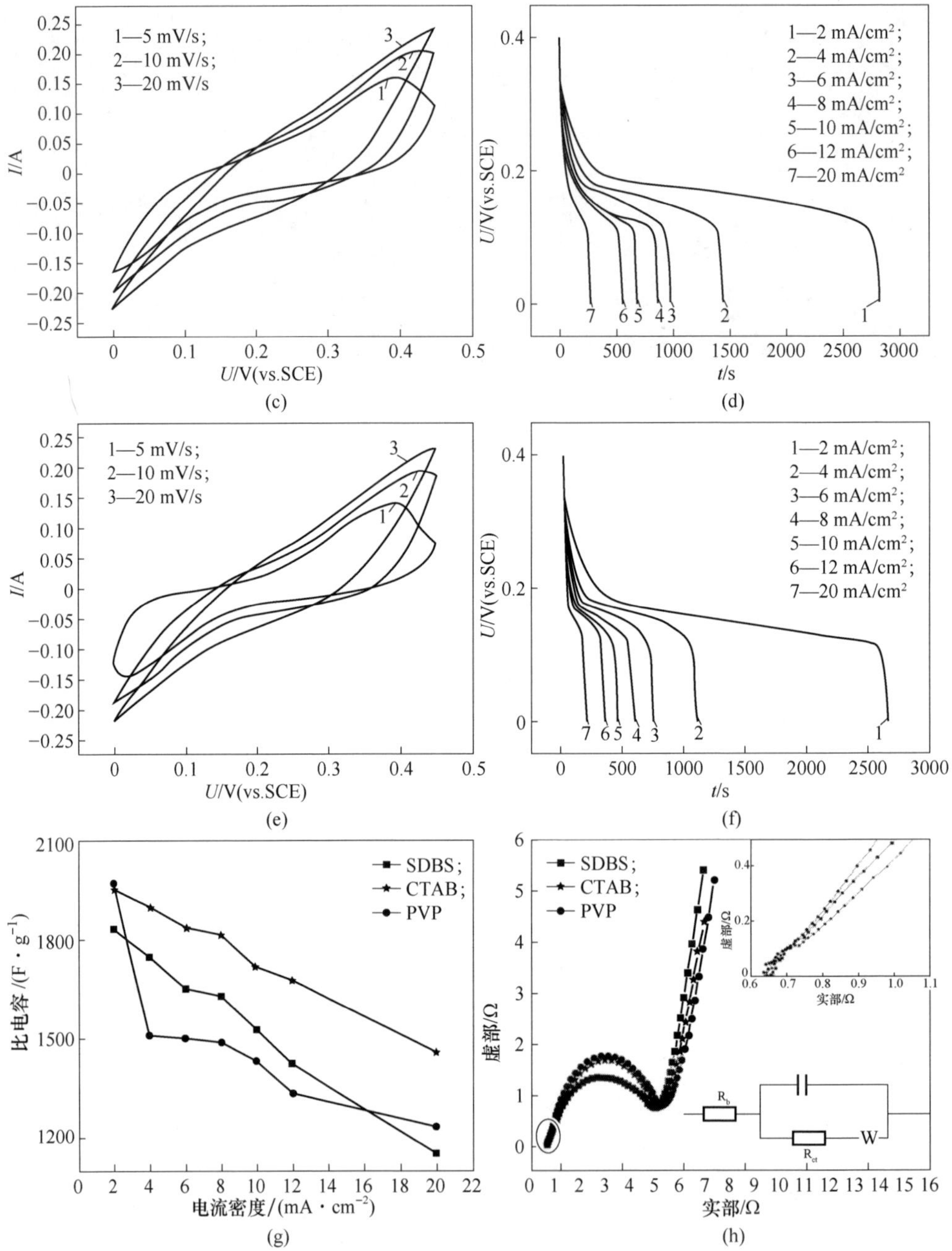

图 3-24　不同表面活性剂制备 $Ni(OH)_2$ 样品的电化学性能（6 mol/L KOH）

(a) 循环伏安曲线（SDBS）；(b) 恒流放电曲线（SDBS）；(c) 循环伏安曲线（CTAB）；(d) 恒流放电曲线（CTAB）；(e) 循环伏安曲线（PVP）；(f) 恒流放电曲线；(g) 比热容曲线；(h) 交流阻抗曲线（插图为等效电路图）

电化学反应。在 $Ni(OH)_2$ 电极的工作电位窗口内，当扫描速率增大时，同一电位下对应的电流也在成比例增大，阳极峰正移，阴极峰负移，峰电位差值随之增大，电容量也不可避免地降低；同时，当氧化还原峰随扫描速度由 5 mV/s 增加到 20 mV/s 时，氧化还原峰逐渐消失，氧化峰与析氧峰发生重叠现象。这表明随着扫描速度的增大，电极的极化增强，同时反应的不可逆性加强。

因为电极材料的大电流放电性能对超电容性能是至关重要的，所以分析了电极容量和放电电流密度下的放电曲线。图 3-24（b）（d）（f）为三种表面活性剂下的不同电流密度的恒流放电曲线，由图可以看出，三种表面活性剂下所制备的 $Ni(OH)_2$ 样品的放电曲线具有相似的规律，由曲线的形状可知，材料的比电容不是纯粹的双电层电容，而主要呈现出了赝电容的特性。图 3-24（b）（d）（f）中曲线还呈现出两个不同的极端：一段是电压低于 0.1 V 的曲线部分，在此极端电压以来于时间而线形变化很快，这表现出由电极和电解液表面的电荷分离而产生的双电层行为；另一段是从 0.1～0.4 V 的倾斜部分，此段呈现出由化学吸附、解吸附或氧化还原反应而产生的典型的赝电容行为，其具体的比电容随电流的变化曲线如图 3-24（g）所示。其规律是随放电电流从 2 mA/cm^2 增大到 20 mA/cm^2 时，材料的比电容有明显的降低，以 SDBS、CTAB、PVP 为表面活性剂所制备的 $Ni(OH)_2$ 样品的比电容分别由 1829 F/g 降至 1157 F/g、1949 F/g 降至 1458F/g、1964F/g 降 1236F/g。这是因为在材料的氧化还原过程中，质子交换是在电极内部的电解液中进行的，而且质子交换的过程比较慢，大的放电电流会导致氧化还原过程中电极内部的电解液中质子的消耗或过饱和，这些原因都会导致离子电阻系数的增大，从而使整个体系的比容量降低。在整个实验测试的电流密度范围内，以 CTAB 为表面活性剂所制备的 $Ni(OH)_2$ 样品的比电容均优于另外两种表面活性剂所制备的样品的比电容。

图 3-24（h）是在以 SDBS、CTAB、PVP 为表面活性剂所制备的 $Ni(OH)_2$ 样品的交流阻抗曲线，插图为等效电路图。其测试条件如下：各自的开路电压分别为 0.16 V、0.154 V、0.164 V，振幅为 0.005 V，测试频率为 10^{-2} ~ 10^5 Hz。图 3-24（h）中所有样品的交流阻抗曲线都可以分为高频区和低频区两部分。各曲线与实轴的交点数值代表电极的内在阻抗（等效电阻 R_b），它包括电解液的离子阻抗、电极材料的本征阻抗和电活性物质与集流体的接触阻抗，从图 3-24（h）中可以看出，以 SDBS、CTAB、PVP 为表面活性剂所制备的 $Ni(OH)_2$ 样品电极的内在阻抗分别为 0.657 Ω、0.645 Ω、0.637 Ω。这说明在三种不同表面活性剂条件下所制备样品的内在阻抗区别不大，且数值都较小。这是因为在三种不同表面活性剂下所制备的样品均为相似的花状微球结构，此结构能够增大材料电解液离子向材料内部的扩散能力，从而降低阻抗。高频区的半圆代表了与电极活性材料表面性能相关的感应电荷转移阻抗（R_{ct}），从图 3-24（h）可以看出，三种不同表面活性剂制备

样品的电荷转移阻抗几乎相同，都在 4.384 Ω 左右。低频区域阻抗曲线几乎是一条近 45°的曲线，这表明活性材料电极受电荷扩散控制过程，在不同表面活性剂下所制备的样品都具有低的扩散阻抗。在低频区末端，曲线几乎与横轴垂直，这表明所得电极材料具有较小的扩散阻抗，这些结果说明了在三种不同表面活性剂条件下所制备的 Ni(OH)$_2$ 电极材料具有良好的超级电容器性能。

3.4.5 溶剂的影响

3.4.5.1 材料相组成及结构分析

A XRD 分析

在其他条件不改变的情况下，为了考察溶剂中乙醇对实验的影响，仅将溶剂由乙醇和水（1∶1）改为纯水（或纯乙醇）时，所制备的样品 XRD 如图 3-25 所示。从图 3-25 中可以看出，当以纯水为溶剂时，谱图在 25°、34°和 60°附近分别出现了较宽的峰，生成了无定型的 α-Ni(OH)$_2$ 样品，这说明所得材料的颗粒尺寸较小，材料的大部分属于非晶态；而当用纯乙醇作溶剂时，生成的仍为纯 α-Ni(OH)$_2$ 相，此时谱峰很明显，这说明在用纯水或者纯乙醇为溶剂时仍能保持 α-Ni(OH)$_2$ 相。

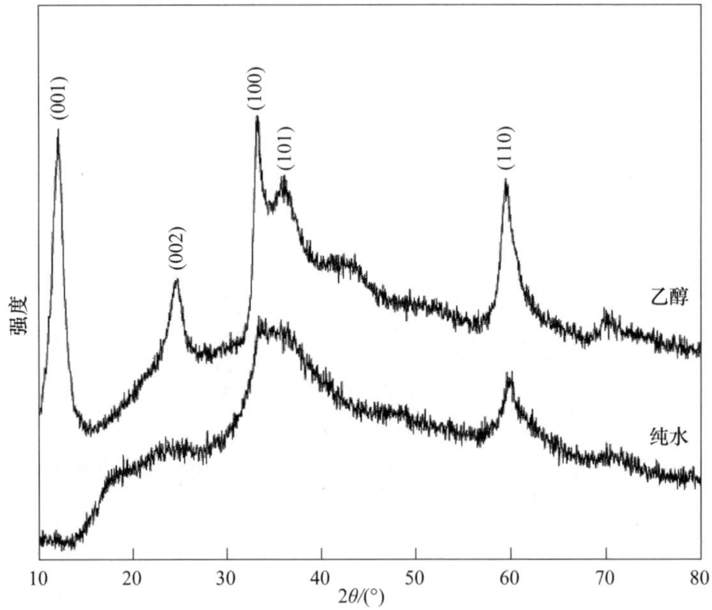

图 3-25 纯水为溶剂制备样品的 XRD

B SEM 分析

图 3-26 是不同溶剂（如纯水和乙醇）时 α-Ni(OH)$_2$ 样品的 SEM，由图可以

看出，其形貌为较均匀的纳米片组成的微球结构，这说明在以水和乙醇分别为溶剂制备样品时，仍能保持花状纳米片微球多层次结构。当以水和乙醇分别为溶剂时，其微球的直径分别为 1 μm 和 7 μm 左右，花片的厚度为 10 nm 和 5 nm 左右。这说明溶剂乙醇为溶剂时，微球的直径增加，但是纳米片的厚度减小，即乙醇的加入对 α-Ni(OH)$_2$ 样品的纳米片和微球的多层次结构生长起到至关重要的作用。

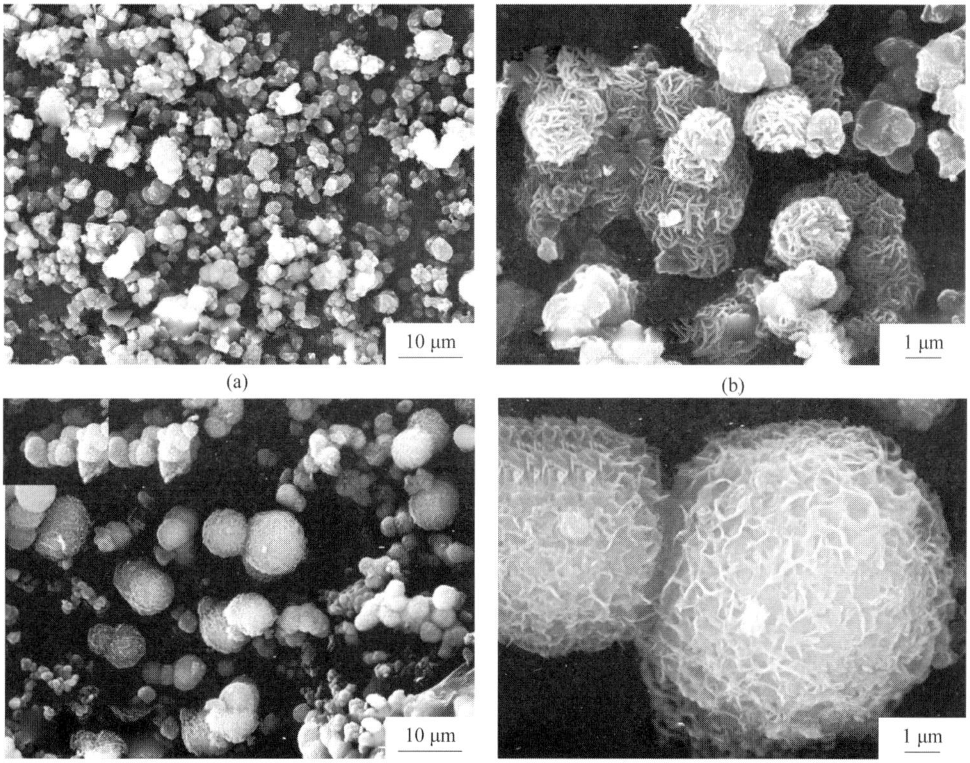

图 3-26　不同溶剂时 α-Ni(OH)$_2$ 样品的 SEM

(a)(b) 纯水；(c)(d) 乙醇

3.4.5.2　电化学性能分析

由于以乙醇为溶剂的 α-Ni(OH)$_2$ 样品的直径较大，在性能测试时只测试以水为溶剂所制备的样品。图 3-27 是在不同扫描速度下以水为溶剂时制备样品的电化学性能。由图 3-27（a）可以看出，循环伏安的电压测试范围为 0~0.45 V，在测试电压范围内，制备的电极表现出法拉第准电容性质，具有较好的电容特性；同时，可以观察到随着扫描速度的增大，氧化峰与还原峰滞后，这是因为当扫描速度较快时，内部不能快速提供电荷，使得电极不可能有较大的电流通过，不能满足快速的电化学反应对足量的 OH^- 的需要。对于氧化还原反应来说，氧化峰与还原峰的数值相差越小，电极反应的准可逆性越好。在以水为溶剂所制备的 $Ni(OH)_2$ 为电极的循环伏安曲线中存在一对氧化还原峰（P1 和 P2），氧化峰 P1 为 Ni^{2+}转化为 Ni^{3+}的过程，即 $Ni(OH)_2$ 与 OH^- 作用形成 NiOOH 的过程，还原峰 P2 是其逆过程。表 3-3 列出了氧化峰、还原峰与析氧峰在不同扫描速度下的具体电位值。E_{O1} 为氧化峰 P1 对应的具体氧化电位值，E_{R1} 为还原峰 P2 的还原电位值。由表 3-3 可知，扫描速度从 5 mV/s 到 20 mV/s 的变化过程中，（$E_{O1}-E_{R1}$）的值逐渐增大。扫描速度为 5 mV/s 时（$E_{O1}-E_{R1}$）为 260 mV，扫描速度为 20 mV/s 时（$E_{O1}-E_{R1}$）为 338 mV，是扫描速度为 5 mV/s 时的 1.3 倍，这说明低扫描速度下电极反应的可逆性好。E_{OE} 为析氧反应的电位，由表 3-3 可知，扫描速度从 5 mV/s 到 20 mV/s 的变化过程中，（$E_{OE}-E_{O1}$）的值逐渐变小。扫描速度为 5 mV/s 时（$E_{OE}-E_{O1}$）的值为 136 mV，扫描速度增加到 20 mV/s 时（$E_{OE}-E_{O1}$）

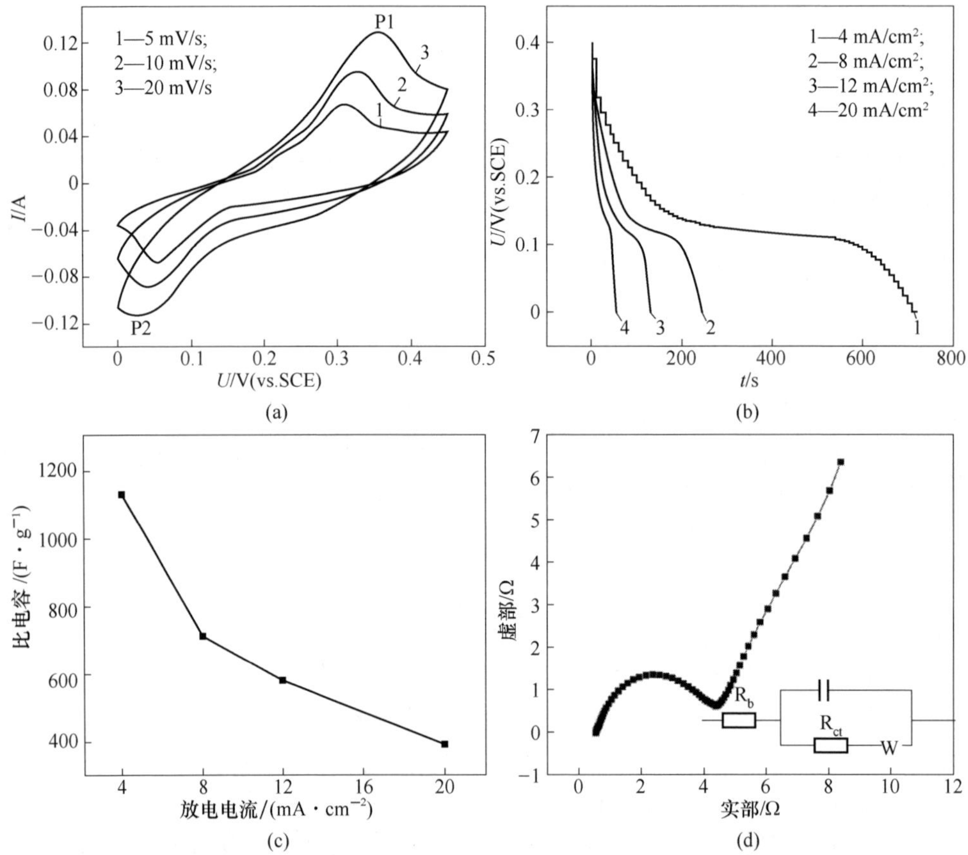

图 3-27　不同扫描速度下以水为溶剂时制备样品的电化学性能

（a）循环伏安曲线；（b）放电曲线；（c）比电容曲线；（d）交流阻抗曲线

表 3-3　以水为溶剂所制备样品在不同扫描速度下的电极电位数值

扫描速度/($mV \cdot s^{-1}$)	电极电位/mV				
	E_{O1}	E_{R1}	E_{OE}	$E_{O1}-E_{R1}$	$E_{OE}-E_{O1}$
5	314	54	450	260	136
10	329	38	450	291	121
20	359	21	450	338	91

的值减小到 91 mV，是扫描速度为 5 mV/s 时数值的 0.669 倍。析氧峰与氧化峰的电位差值（$E_{OE}-E_{O1}$）越大，表明在电化学反应的过程中电极反应受到析氧反应的影响越小，所制备的样品电极的充/放电效率越高，其相对应的放电比容量也相对较高，从而说明在较小的扫描速度下，电极的电化学反应得比电容较高。

图 3-27（b）为在以水为溶剂条件下制备的 $Ni(OH)_2$ 样品在不同电流密度下的放电曲线，由图可以看出，充/放电工作电流越大，充/放电速度越快。当电流密度为 4 mA/cm^2 时，充/放电的时间最长。

图 3-27（c）为所制备的无定型 $Ni(OH)_2$ 电极在不同电流下的放电比电容曲线，由图可以看出，当电流密度为 4 mA/cm^2 时，电极的放电比容量为 1131 F/g；当电流密度增大到 20 mA/cm^2 时，电极的放电比容量为 397 F/g。这说明小电流放电时的比容量比大电流放电时的比容量大得多，与其循环伏安的测试结果是一致的。

图 3-27（d）是水为溶剂下制备的 $Ni(OH)_2$ 电极的交流阻抗曲线，其中开路电压为 0.163 V，测试频率为 $10^{-2} \sim 10^{5}$ Hz，施加的交流信号振幅为 0.005 V，插图为其等效电路图。由图 3-27（d）可以看出，交流阻抗第一象限高频区为一段半圆形动力学圆弧，表明此体系受电化学反应控制，具有明显的法拉第反应特性，在此实验条件下所制备的 $Ni(OH)_2$ 电极具有明显的超级电容阻抗特性。该电极中频区向高频区转变的“拐点”频率为 0.8071 Hz，当频率低于该频率时的中频区是由倾角接近 45°的直线过渡到低频区，呈现出电容特性，这表明电荷扩散控制过程，在此以水为溶剂所制备的 $Ni(OH)_2$ 电极具有较低的扩散阻抗。当高于该频率时，电荷无法迁移到阴极的内部，因此只有电极表面或靠近电极表面的活性物质对电容有贡献，降低了活性物质的利用率。由图 3-27(d)可以看出，电极曲线与实部（横轴）的交点为 0.562 Ω，即等效电路电阻和电极电荷传递阻抗比较小，较小的阻抗不仅有助于提高材料的比电容，而且能够在一定程度上改善材料的高功率特性。在高频区，由电极的阻抗曲线半圆的直径为 3.878 Ω，即电化学反应电阻为 3.878 Ω。由此说明在以水为溶剂制备的 $Ni(OH)_2$ 电极表现出小的电化学阻抗，其有利于提高电化学比电容。

3.5　β-Ni(OH)$_2$ 制备及表征

取 0.015 mol 的 $Ni(NO_3)_2 \cdot 6H_2O$，加入少量水溶解，在磁力搅拌下先滴加聚乙二醇溶液（50 g/L）和 NH_3-NH_4Cl 缓冲液（pH = 10）各 10 mL，再滴加 8 mL H_2O_2，搅拌 30 min（加入正丁醇搅拌 20 min）后停止搅拌；此混合液装进容积为 100 mL 的反应釜内，加入 15 mL 正丁醇使反应釜的填装度为 70%，密封后在 200 ℃下反应 16 h，自然冷却，将生成物离心分离并用水和无水乙醇各洗涤 3 次后，在 80 ℃真空干燥 12 h 得到产物。

3.5.1　材料的相组成及结构分析

3.5.1.1　XRD 分析

图 3-28 是水热 12 h 下制备样品的 XRD，由图可以看出，谱峰与标准图谱 JCPDS No. 14-0117 一致，因此可以确定样品为 β-Ni(OH)$_2$ 相，其晶粒大小可根据谢乐公式计算，即可得实验所得 β-Ni(OH)$_2$ 样品的晶粒尺寸约为 20.95 nm。

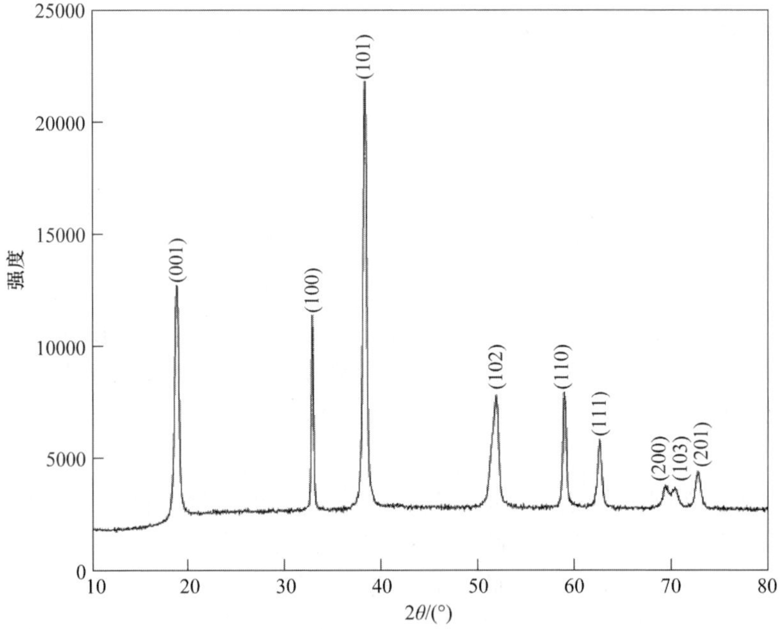

图 3-28　水热 12 h 下制备样品 XRD

3.5.1.2　SEM 分析

图 3-29 是水热条件下制备 β-Ni(OH)$_2$ 样品的 SEM，由图可以看出，所制备

的 β-$Ni(OH)_2$ 样品呈现纳米片状的微球多层次结构，纳米片的厚度约 20 nm，微球的直径约 3 μm。这种多层次结构的样品可能具有较大的比表面积，在电化学反应中能够与电解液充分反应，进而提高活性材料的电化学性能。

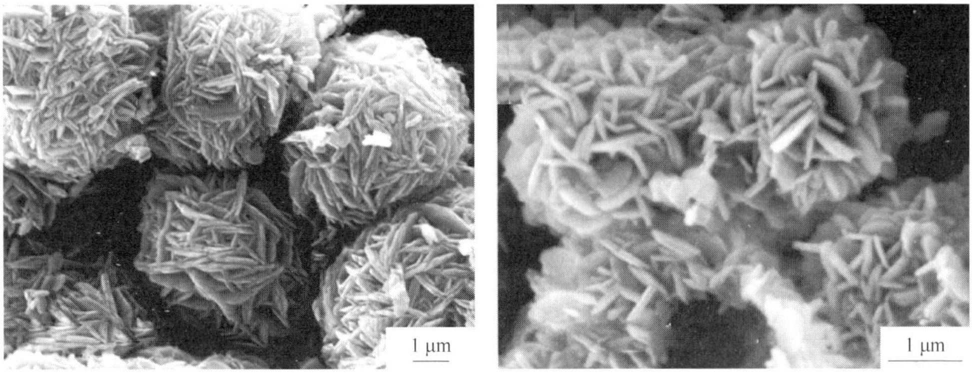

图 3-29　水热条件下制备 β-$Ni(OH)_2$ 样品的 SEM

3.5.2　电化学性能测试

图 3-30 是不同扫描速度下 β-$Ni(OH)_2$ 样品的电化学性能。由图 3-30（a）可以看出，循环伏安曲线中出现了一对氧化还原峰 P1 与 P2，这说明 β-$Ni(OH)_2$ 在电化学反应中主要是产生赝电容的过程，P1 峰是 $Ni(OH)_2$ 氧化成 NiOOH 的过程，还原峰为其逆过程。随着扫描速率的增大，氧化还原峰发生偏移，并且在 0.45 V 时极化增大。

图 3-30（b）是在 12 mA/cm^2 电流密度下的恒流充/放电，由图可以看出，其充/放电时间有较好的对称性，这说明具有较好的电化学充/放电性能。

图 3-30（c）是在不同电流密度下的恒流放电曲线，由此电容的计算公式可以得到，在 6 mA/cm^2、8 mA/cm^2、12 mA/cm^2 和 20 mA/cm^2 电流密度下的比电容分别为 1929 F/g、1831 F/g、1753 F/g、1649 F/g 和 1341 F/g，这说明在整个电流密度下都具有较高的比电容，这与 β-$Ni(OH)_2$ 的多层次结构有利于电化学反应提高比电容有关。但是随电流密度的增大，其比电容略有减小，这是因为当大电流充/放电时，电极上会短时间吸附大量的电解液 OH^- 离子，造成电极与电解液界面处的电解液离子浓度急速下降，而电解液中离子的扩散传质速率相对较慢，不能满足电极充/放电所需电子数，从而造成电极上由液相扩散引起的极化增大；当形成控制步骤时，即使外加电位不断上升，电极上电荷增加的速度也相对较慢，从而引起电极在大电流下的容量损失。

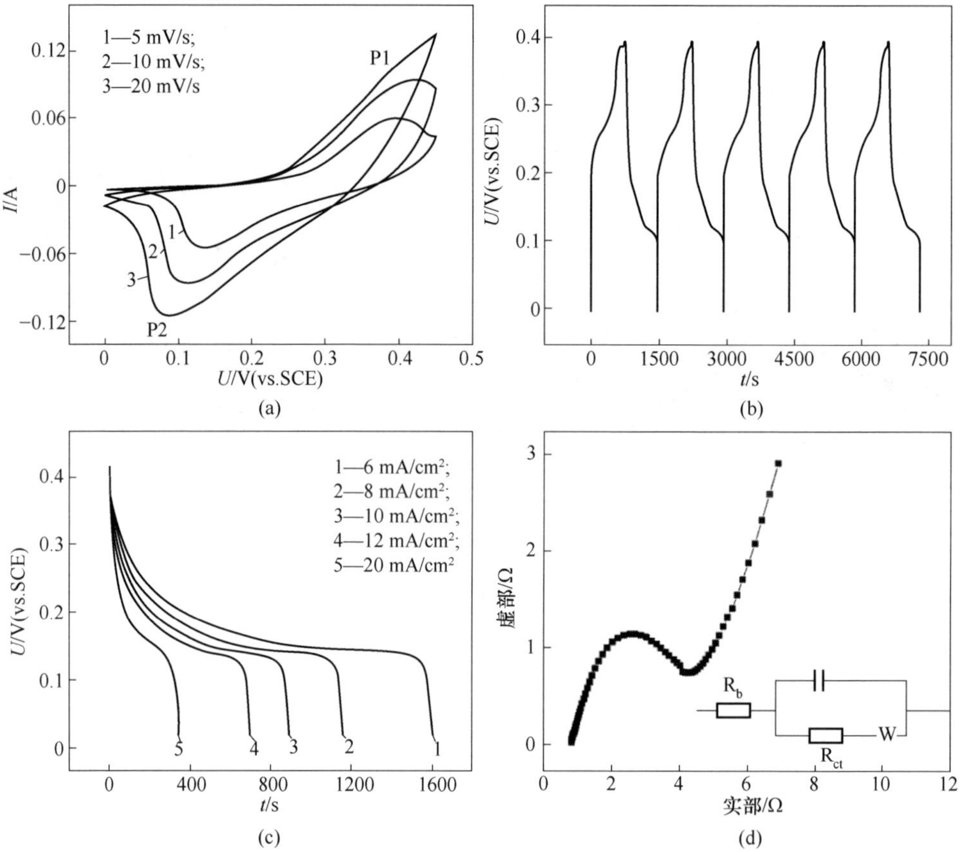

图 3-30　不同扫描速度下 β-Ni(OH)$_2$ 样品的电化学性能

(a) 循环伏安曲线；(b) 5 次恒流充/放电曲线；(c) 恒流放电曲线；(d) 交流阻抗曲线

图 3-30（d）是交流阻抗曲线，其中开路电压为 0.15 V，频率为 $10^{-2} \sim 10^5$ Hz，施加的交流信号的振幅为 0.005 V，插图为高频区的放大图。由图 3-30（d）可以看出，高频区电极的内阻为 0.777 Ω；在低频区曲线都接近于 45°，这说明材料具有较低的分散阻抗。

由以上分析可知，在此实验条件下得到的多层次纳米结构的 β-Ni(OH)$_2$ 样品具有较好的电化学性能。

3.6　NiO 电化学性能分析

本节在分析 α-Ni(OH)$_2$ 电化学性能的同时，也对 NiO 材料的电化学性能做了考察，本节通过将前面所制备的经过离心干燥的 α-Ni(OH)$_2$ 前驱体，在

300 ℃、350 ℃、400 ℃退火保温 2 h 下得到最终样品，并将样品以同样的方法制备电极进行电化学性能测试。

3.6.1 材料的相组成及结构分析

3.6.1.1 XRD 分析

图 3-31 为前驱体及不同温度（300 ℃、350 ℃、400 ℃）热处理样品的 XRD 谱图，由图可以看出，前驱体谱峰为 α-$Ni(OH)_2$。再分别经过 300 ℃、350 ℃和 400 ℃热处理 2 h 后，样品的谱峰位置一致，谱峰与标准图谱 JCPDS：075-0197 对比，可以确定热处理后的产物为 NiO，没有杂峰出现，这说明在 3 个不同温度下均能得到纯相的 NiO。从图 3-31 可以看出，随着热处理温度的提高，衍射峰变窄且加强，这说明晶粒随热处理温度的提高而增大。由谢乐公式可以计算出，在 300 ℃、350 ℃、400 ℃下所得 NiO 样品的晶粒尺寸分别为 4.05 nm、4.17 nm、5.29 nm。

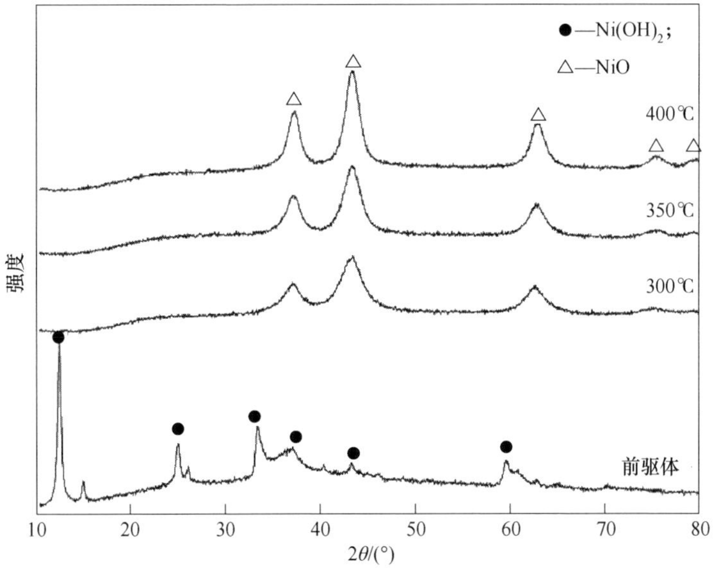

图 3-31 前驱体及不同温度热处理样品的 XRD 谱图

3.6.1.2 SEM 分析

图 3-32 是前驱体 α-$Ni(OH)_2$ 分别在不同温度（300 ℃和 400 ℃）下处理 NiO 的 SEM。从图中可以看出，前驱体[见图 3-32(a)(b)]的整体呈现出一种由相互交错的纳米片组成的疏松状的微球结构，花片的厚度都在纳米尺度范围内；当热处理温度为 300 ℃时[见图 3-32(c)(d)]，可以看出形成的 NiO 仍能够保持其原有的花状微球多层次结构，并没有出现形貌坍塌现象，这说明实验中的前驱体在

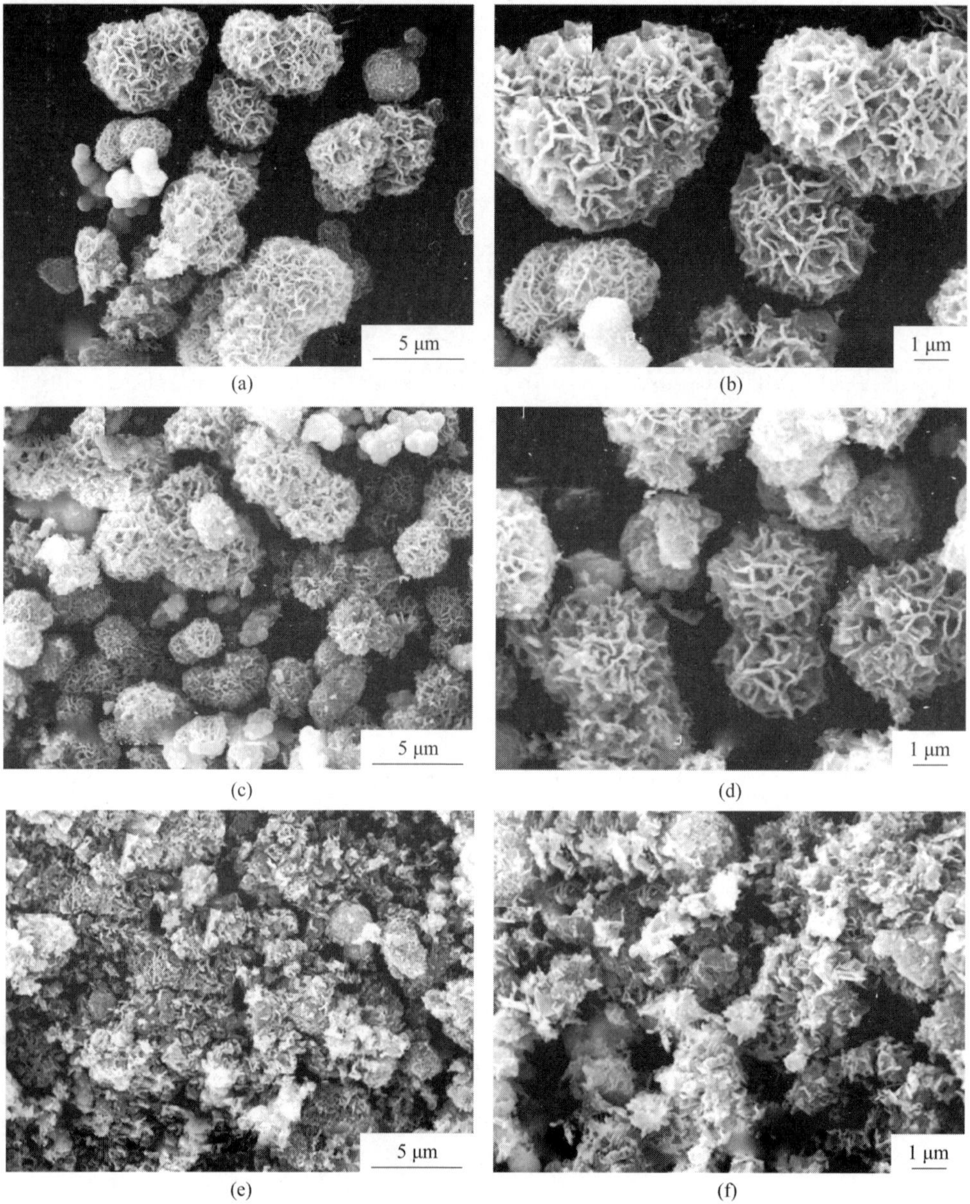

图 3-32　前驱体在不同温度下处理 NiO 的 SEM

(a)(b) 前驱体；(c)(d) 300 ℃；(e)(f) 400 ℃

300 ℃进行热处理时，所得到的 NiO 具有对前驱体 α-Ni(OH)$_2$ 纳米片状微球形貌的继承性。这种花状微球结构丰富，具有较大的比表面积，这种特殊的纳米片状微球结构有利于电解液中的 OH^- 向电极的活性材料内部的转移，以及在氧化还原相间的扩散，从而使活性材料与电解液间的氧化还原反应进行得更加充分，更为材料的高比容量提供了一个重要的形貌基础。当热处理温度升至 400 ℃时［见图 3-32（e）（f）］，由于温度的升高，热分解进行比较剧烈，纳米片花状微球结构被破坏，生成零散的碎纳米片状结构，减小了活性材料的比表面积，此结构的无序性使得 OH^-难以进入活性材料的内部进行充分的电化学反应，从而使电化学性能受到严重的影响。

3.6.2 电容性能分析

法拉第准电容器的电容主要来源于电极材料自身的氧化还原过程，可以通过循环伏安图的阳极电流或阴极电流来估算电容。对于活性氧化物 NiO 来说，当超级电容器电极充电时，电极反应分为以下三个步骤。

（1）步骤一：电解液中的 OH^-离子在外电压的作用下，向 NiO 电极移动，并在 NiO 表面吸附。

（2）步骤二：吸附在 NiO 表面上的 OH^-离子与 NiO 在固液界面发生氧化还原反应，NiO 逐渐转变为 NiOOH，NiO 中的 Ni^{2+} 价离子变成 Ni^{3+} 价。其反应为[138]：

$$NiO + OH^- \rightleftharpoons NiOOH + e^- \tag{3-6}$$

（3）步骤三：OH^-离子从固液界面向 NiO 内部扩散，与活性物质进一步反应，NiOOH 的量逐渐增多，并形成 NiOOH 的有序结构。

第三步骤对超级电容器的各项性能指标具有重要的影响。如果活性物质活性不足，可能会造成 OH^-离子扩散较困难，这就会导致 NiO 利用率下降，从而使超级电容器容量降低；同时，电化学极化的增大会导致电极极化内阻的增大，从而影响电容器的在大电流下的充/放电性能。当放电时，电极反应是电化学反应中的逆反应，其电极反应过程是：生成的 OH^-离子向电解液中扩散，电解液 pH 值升高；NiOOH 经放电后逐渐转变为 NiO 晶体。放电时的电流密度对活性物质的可逆性有较大的影响。如果放电电流密度小，容易造成超级电容器深度放电，从而使得 NiO 晶粒变粗大，NiO 的活性降低，可逆性能降低；如果放电电流过大，会使电容器的能量不能有效利用，内阻消耗能量较多，使比电容急速下降。

图 3-33（a）为前驱体 $Ni(OH)_2$ 在不同扫描速度下的循环伏安曲线，其中热处理温度为 300 ℃，电解质为 6 mol/L KOH 溶液，测试电压范围为 0~0.4 V。由图 3-33（a）可看出，循环伏安曲线显示出明显区别于具有接近于理想矩形形状的双电层电容特性，这说明 NiO 电极材料的电容主要来源于基于氧化还原反应的赝电容。NiO 电极在电化学反应中发生上面的准可逆反应。NiO 电极材料在不同扫描速度下均有一对氧化还原峰 P1 和 P2。在扫描速度为 5 mV/s 的扫描速度下，阳极峰 P1 在 0.305 V 附近，是 NiO 氧化成 NiOOH；阴极峰 P2 在 0.118 V 附近，

是其逆过程。这说明 NiO 电极材料的电容主要来自氧化还原反应的赝电容。在扫描电势范围内，氧化峰与还原峰的峰形基本对称，氧化峰电流与还原峰电流相近，这表明电极表面及内部进行的电化学反应具有良好的准可逆性，材料具备赝电容特性。随着扫描速度的增加，曲线形状改变且阴阳极电流向增大的方向改变，氧化还原峰越来越明显，电容减小，这与恒流充/放电的测试结果相一致。

恒电流充/放电是测试电容行为的重要手段，通过放电曲线可以知道电容的大小。图 3-33（b）是前驱体 Ni(OH)$_2$ 在不同扫描速度下的 5 次恒流充/放电曲线，其中热处理温度为 300 ℃，所得物为 NiO 电极，其电极的充/放电曲线为：电压为 0~0.4 V，电解液为 6 mol/L KOH，电流密度为 2 mA/cm^2。充/放电曲线并没有显示出双电层放电特性（而主要是赝电容特征)，这与循环伏安测试结果一致；同时从曲线形状来看，也表现出比较稳定的充/放电性能。

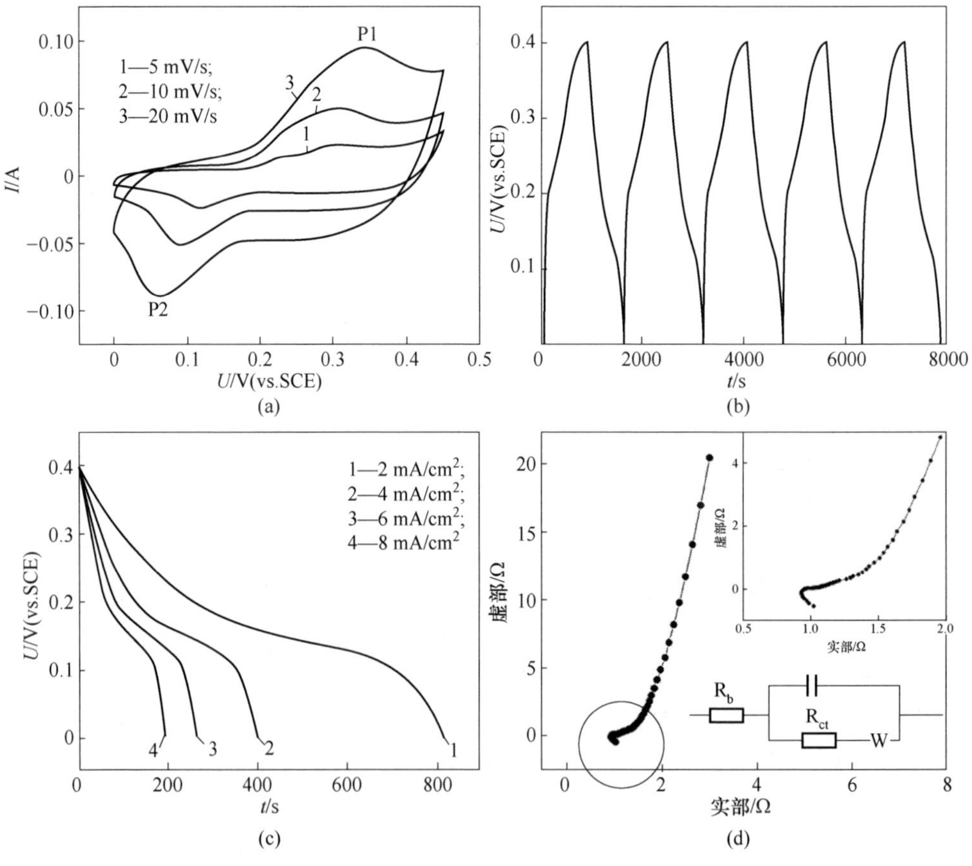

图 3-33　前驱体 Ni(OH)$_2$ 在不同扫描速度下所得 NiO 的化学性能（300 ℃）

（a）循环伏安曲线；（b）5 次恒流充/放电曲线；

（c）恒流放电曲线；（d）交流阻抗曲线

图 3-33（c）是同样条件下得到的 NiO 电极的放电曲线，放电曲线相关的比电容可以根据比电容的计算公式进行计算。由此公式可以计算得到在 300 ℃热处理所得的 NiO 电极在 2 mA/cm^2、4 mA/cm^2、6 mA/cm^2、8 mA/cm^2 电流密度下的比电容分别为 826.4 F/g、402.0 F/g、262.6 F/g、193.8 F/g。由此可知，300 ℃热处理所得的 NiO 电极具有较好的比电容特性，这与其纳米片状多层次结构有利于电化学反应提高的电化学性能有关。比电容随着电流密度的增大而减小，这主要因为随着电流密度的增大，会产生较大的电压降。这种现象主要是与 OH^-在电极中的分散作用有关。在较大的电流密度下进行恒流充/放电时，需要大量的 OH^-在电极和电解液内表面发生快速的氧化还原反应。然而较低的 OH^-不能及时满足这种反应的需要，因此氧化还原反应过程被离子扩散所控制。

图 3-33（d）是 300 ℃热处理下所得 NiO 电极的交流阻抗曲线，其开路电压为 0 V，施加的交流信号的振幅为 0.005 V，测试频率为 10^{-2} ~ 10^5 Hz，插图为其等效电路图和高频部分曲线的放大图。从图 3-33（d）中可以看出，交流阻抗曲线第一象限高频区为一段圆弧，这表明此体系受电化学反应控制，具有明显的法拉第反应特性。在低频区，曲线变为具有一定斜率的直线，这表明此刻体系受电解液中 OH^-扩散过程的控制，由于该直线与 Z'轴的夹角大于 45°，这表明其具有一定的电容特性。

图 3-34 是 $Ni(OH)_2$ 在不同温度（300 ℃、350 ℃、400 ℃）下进行热处理所得 NiO 电极的电化学性能曲线。由图 3-34（a）可以看出，不同温度下热处理都出现一对氧化还原峰（P1 和 P2 峰），峰的具体电位值见表 3-4。从表 3-4 中的数值可以看出，峰的位置随热处理温度的升高有所偏移，且在 350 ℃时，氧化峰与还原峰的差值最小为 197 mV，电极反应的可逆性好，且其析氧电位与氧化电位的差值最大，为 148 mV，这说明其电极的充/放电效率较高。相同速度的循环伏安曲线，根据其面积的大小可以看出，随着热处理温度的升高，面积逐渐减小，即其比电容逐渐减小，这是因为随着热处理温度的升高，结晶度变好，颗粒烧结，粒径增大，表面活性降低。此结果与恒流充/放电的结果是一致的。

图 3-34（b）是不同热处理温度在 2 mA/cm^2 的恒流放电图，由放电曲线图可以看出，随着热处理温度的提高，活性材料的放电时间逐渐减小，这说明比电容在减小。由图 3-34（b）中放电曲线的放电时间和比电容关系可知，300 ℃、350 ℃、400 ℃热处理下所得的 NiO 电极的比电容分别为 826.4 F/g、422.2 F/g、276.4 F/g。由此可见，300 ℃热处理的比电容最大，这是因为在 300 ℃时热处理所得的 NiO 电极材料纳米结构花状结构保持较好，比表面积大，活性材料能够充分反应。当温度升高时，晶粒粒径增大，花状结构逐渐被破坏成零散的碎片状，NiO 电极降低了比表面积，电极表面形成的双电层减少，从而比电容量随热处理温度的升高而减小。另外，在较低温度下热处理，所得 NiO 晶粒较小，晶界等晶

体缺陷较多，OH^-进出 NiO 体相的自由度较大，形成赝电容的区域较大，赝电容量较大；随着热处理温度的升高，NiO 晶粒逐渐长大，晶界、界面等晶体缺陷减少，可以形成赝电容的区域减少，因此其比电容量变小。

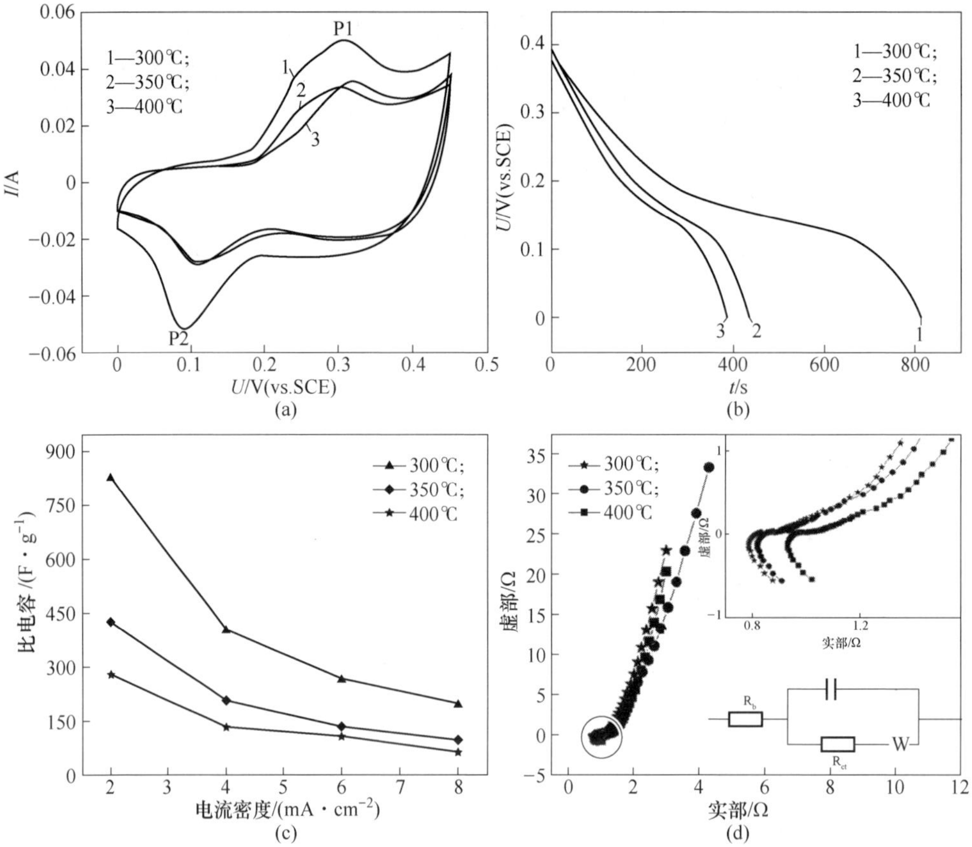

图 3-34　Ni(OH)$_2$ 在不同温度下进行热处理所得 NiO 电极的电化学性能曲线

(a) 10 mV/s 下的循环伏安曲线；(b) 2 mA/cm^2 下的恒流放电曲线；

(c) 比电容曲线；(d) 交流阻抗曲线

表 3-4　NiO 电极材料在不同热处理温度下 10 mV/s 时的电极电位数值

热处理温度/℃	电极电位/mV				
	E_{O1}	E_{R1}	E_{OE}	$E_{O1}-E_{R1}$	$E_{OE}-E_{O1}$
300	311	88	450	223	139
350	302	105	450	197	148
400	317	112	450	205	133

图3-34（c）为不同热处理温度所得NiO活性电极的比电容曲线，从图中可以看出，所有样品的比电容都随电流密度的增大而减小。在整个实验电流密度测试下，300 ℃热处理所得的NiO电极都高于其他两个热处理温度样品，这说明前驱体$Ni(OH)_2$经300 ℃热处理温度，能够得到电化学性能优良的NiO活性电极材料。

图3-34（d）是前驱体$Ni(OH)_2$在不同热处理温度下得到NiO电极的交流阻抗曲线，施加的交流信号的振幅为0.005 V，测试频率为10^{-2}~10^5 Hz，右上角插图为高频部分放大图，右下角为等效电路图。图3-34（d）中所有样品的交流阻抗曲线可以分为高频区、中频区和低频区三部分。各曲线与实轴的交点数值代表电极的内在阻抗（等效于R_b），从图3-34（d）中可以看出，在300 ℃、350 ℃、400 ℃热处理温度下得到的NiO电极的内在阻抗分别为0.874 Ω、0.907 Ω、1.02 Ω。可以看出，随着热处理温度的增加，所得样品的内在电阻也逐渐增加。这是因为在加热时，当在低温时形成氧化物的稳定状态后再增加加热处理温度，会使晶粒长大，从而降低材料的比表面积和电解液中的OH^-离子向NiO电极活性材料的扩散能力。高频区的半圆代表与NiO电极活性物质表面性能有关的感应电荷转移阻抗（R_{ct}），从图3-34（d）中可以看出，在不同热处理温度下得到的NiO电极都具有很小的电荷转移阻抗。中频区的曲线几乎呈45°，这说明电极有较小的电解液离子的扩散阻抗。在低频区，0.01434 Hz以后的曲线几乎与横轴垂直，这表明所得的电极材料具有较小的扩散阻抗。

以上分析表明，在不同热处理温度下，都能得到具有良好超级电容性能的电极材料。

本章小结

（1）以SDS为表面活性剂，尿素为沉淀剂，利用水热的方法制备了具有纳米片组成的花状微球多层次结构的α-$Ni(OH)_2$电极材料，并在150 ℃、200 ℃、250 ℃对前驱体α-$Ni(OH)_2$进行热处理。用XRD、TEM、N_2吸脱附测试及FT-IR对材料的结构进行表征。结果显示直接水热为纯相的α-$Ni(OH)_2$相；在3个不同温度进行热处理仍能保持前驱体的α-$Ni(OH)_2$相。前驱体α-$Ni(OH)_2$具有纳米片组成的花状微球的疏松填充多层次结构，这种结构具有高达182.9 m^2/g的比表面积，同时具有有效的孔径分布。在3个热处理温度下，热处理产物仍能够保持此花状结构，这些特点均为材料产生高比容量奠定基础。电化学测试表明该材料具有良好的超级电容性能，材料的单电极比电容在4 mA/cm^2电流密度下的比电容高达1772 F/g。电极的比容量随着放电电流密度的增加而降低，同时材料又表现出较好的大电流放电特性。在150 ℃、200 ℃、250 ℃进行热处理后，比电容先升高后降低，在 4 mA/cm^2、200 ℃进行热处理时的比电容可达 2398 F/g。主要是因为进行热处理时由于失去结晶水、层间水及无机物形，从而成层间夹层结构，此结构有利于电解液 OH^- 进入材料内部进行充分的电化学反应；当活性材料形成稳定结构后，再升高温度，材料的结晶度增大，表面活性降低，比表面积减小，从而降低材料的比电容。

（2）在制备前驱体 α-$Ni(OH)_2$ 样品的基础上，讨论了不同实验条件下的产物，以及形貌和电化学性能的影响。

1）水热时间影响。在不同水热温度不变的条件下，改变水热保温时间，所生成的产物为 α-$Ni(OH)_2$ 相，同时讨论了在 SDS 表面活性剂条件下 α-$Ni(OH)_2$ 样品的生长机理。通过不同保温时间对电化学性能的比较可知，保温时间较长时的电化学性能相对较好。

2）沉淀剂的影响。在以 NaOH 和 $NH_3 \cdot H_2O$ 为沉淀剂时，生成 β-Ni（$OH)_2$ 相，这说明尿素在水热过程中对相的形成起到重要的作用；且其形貌分别是片状，以及片状与片状微球的混合，片状的厚度增加。在 2 mA/cm^2 的电流密度下，以 NaOH 和 $NH_3 \cdot H_2O$ 分别为沉淀剂的比电容为 2126 F/g 和 2000 F/g。

3）尿素加入量的影响。当尿素加入量减半时仍能保持 α-$Ni(OH)_2$ 纯相，但尿素量加倍时生成 $Ni(HCO_3)_2$ 与 $Ni(OH)_2$ 的混合相。电化学性能是尿素减半时的电化学性能优于尿素加倍时的电化学性能。

4）表面活性剂的影响。在以 SDBS、CTAB、PVP 为表面活性剂时都能够生成 α-$Ni(OH)_2$ 相，但有杂峰出现。形貌为尺寸不均一的花片微球结构。在 2 mA/cm^3 下以 SDBS、CTAB、PVP 为表面活性剂所制备的样品时的比电容分别为 1829 F/g、1949 F/g、1964 F/g。

5）溶剂的影响。当以纯水为溶剂水热时，生成无定型的 $Ni(OH)_2$ 相，在 4 mA/cm^2 的电流密度下的比电容仅有 1131 F/g，由此可见乙醇加入对相的形成及电化学性能都有重要的影响。

（3）以相同的方法制备了多层次纳米片状微球状 β-$Ni(OH)_2$，通过电化学测试表明，在 6 mA/cm^2 的电流密度下高达 1929 F/g；当电流密度增加到 20 mA/cm^2 时，比电容仍能保持 1341 F/g，这说明在此实验条件下制备的 β-$Ni(OH)_2$ 具有良好的电化学性能。

（4）通过不同温度热处理 α-$Ni(OH)_2$ 得到了一批 NiO 电极材料，实验结果表明在 300 ℃进行热处理时材料能够保持前驱体的纳米花片状的微球多层次结构，使得 NiO 具有很高的比容量。当热处理温度升高到 400 ℃时，纳米花片状微球结构被破坏成碎片状。随着热处理温度的增加，材料的比电容逐渐减小。在 300 ℃热处理时可以得到 NiO 材料的最高比电容可达 826.4 F/g，从而显示了良好的超级电容性能。同时，该电极材料的电化学阻抗随着热处理温度的升高而增大，这主要是因为随着热处理温度的升高，晶粒长大，表面活性减小。NiO 电极材料的比容量随着放电电流密度的增加而降低，这主要是因为电解液界面的 OH^- 不能满足电化学快速的反应。在整个电化学测试中所得到的 NiO 电极材料都具有良好的大电流放电性能。

4 $Co_3O_4/Ni(OH)_2$、$CNT/Ni(OH)_2$ 及介孔碳 $/Ni(OH)_2$ 复合电极材料的分析

钌系氧化物及其水合氧化物在电化学电容和导电方面均有优良的性能，比电容可高达 720 F/g[86]；但是，高昂的价格和有毒的特性严重阻碍了其实际应用。长期以来，人们不断寻找其他替代物，MnO_2、NiO、Co_3O_4 等都成为较有希望能替代钌系氧化物及其水合氧化物而被研究。关于钴的氧化物作为催化剂、电致发光膜、镍电极添加剂等的研究报道较多，但作为超级电容电极物质的研究报道较少。Chuan 等[93] 采用醇盐法制得的 $Co(OH)_2$ 在不同温度下分解得到钴的氧化物，测得其比电容达到 291 F/g。然而，他们制得的氧化钴实际表现出的是一种电池特性而不是电容特性，放电曲线上出现了明显的电位平台，放电过程中电位并不像碳电容那样呈线性变化。研究表明，不论是双电层还是法拉第电容，其电容值的高低与材料的比表面积有密切关系，因此制备具有高比表面积、高活性的纳米级材料成为一种改善电容性能的思路。在本实验中，利用简单的水热法合成出 $Co(OH)_2$ 材料，以此为前驱体在 250 ℃热处理下得到 Co_3O_4 粉末。因为所制备的 $Ni(OH)_2$ 具有良好的电化学性能，所以为了提高 Co_3O_4 电极材料的电化学性能，将 $Co_3O_4/Ni(OH)_2$ 进行复合，得到了电化学性能优良的电极材料，并探讨其形貌及相组成对电化学性能的影响。

碳纳米管是具有特殊结构的一维纳米材料，主要是由六边形排列的碳原子构成的数层到数十层的同轴圆管，相邻的同轴圆柱之间的间距相当，约为 0.34nm。根据碳纳米管管壁中碳原子层的数目可以分为单壁管和多壁管，由于在尺度、结构等方面的特殊性，碳纳米管具有许多奇特的物理、化学特性和潜在的巨大应用前景，已成为物理、化学、材料等领域的研究热点之一。同时，初步研究表明用碳纳米管作为电容器电极材料，其等效串联电阻、漏电流、频率响应、功率特性等电容器主要指标均优于活性炭电容器，因此被认为是电化学电容器的理想电极材料。介孔碳材料是另外一类新型的储能材料，具有较高的比表面积及孔径分布，以及较高的导电性，作为超级电容器电极材料时，具有大电流充/放电性能和高功率密度。本章所制备的纳米 $Ni(OH)_2$ 虽然表现出了良好的电容性能，但是其存在导电性差这个缺点。而碳纳米管和介孔碳具有良好的导电性。这些特征使所得超级电容器的等效串联电阻小，功率特性和频率响应特性都较好。但碳纳

米管和介孔碳主要产生的是双电层电容，比电容相对赝电容小得多，为充分发挥和利用纳米 $Ni(OH)_2$ 与碳纳米管、介孔碳在结构和性能方面的优势，尽量避免不足，本节尝试用简单的水热法制备纳米 $Ni(OH)_2$ 与碳纳米管，介孔碳与 $Ni(OH)_2$ 复合材料作为超级电容器的电极。

4.1 实验部分

本节用的原料均为分析纯，复合材料的合成过程如下：以摩尔比 $n(Co):n(Ni)=1:1$ 为例，首先将 2 mmol $Co(NO_3)_2 \cdot 6H_2O$ 和 2 mmol $Ni(NO_3)_2 \cdot 6H_2O$ 溶入 40 mL 水与无水乙醇（体积比为 1∶1）的混合溶剂中，在磁力搅拌下，分别加入 40 mmol 的尿素和 0.2 g 的十二烷基硫酸钠（SDS）；搅拌 30 min 均匀后，将反应混合物装入反应釜内，填充度为 80%；随后，放入 110 ℃烘箱内，反应 15 h，自然冷却至室温；离心分离，用去离子水和无水乙醇分别洗涤 3 次，在 80 ℃下干燥 12 h 即得水热产物粉末，随后将所得水热产物粉末分别在 250～900 ℃热处理保温 2 h 即得到复合最终产物。其他 $n(Co):n(Ni)=(1:0)$、(19∶1)、(9∶1)、(4∶1)、(7∶3)、(3∶2)、(1∶1) 的复合材料水热产物的制备方法同上，只是将热处理温度设定在 250 ℃保温 2 h。同时，在同样的实验条件下，制备不加表面活性剂 SDS 的样品进行比较。实验的具体流程如图 4-1 所示。

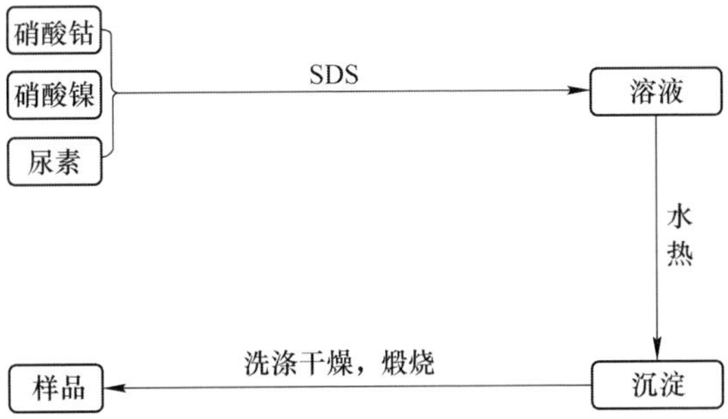

图 4-1 材料制备流程图

复合物 $Co_3O_4/Ni(OH)_2$ 工作电极的制备是将所制备的活性物质、石墨、乙炔黑和聚四氟乙烯（PTFE）乳液按质量比 75∶10∶10∶5 混合，并加入适量的异丙醇；混合均匀后，在手摇辊压机上辊成薄片，然后在油压机上以 10 MPa 的压力将其压在面积为 1 cm^2 的泡沫镍上；随后，将其放入真空干燥箱中干燥 24 h，称量电极前后质量。将所制备的电极放入 KOH 电解液中浸泡 24 h 待测，以所制备的活性物质电极为工作电极，铂电极为辅助电极，饱和甘汞电极（SCE）为参比电极，以 KOH 溶液为电解液，使用 CHI660C 电化学工作站测试电极的电化学性能。

4.2 Co_3O_4电极材料的制备及电化学性能

为了进行实验对比，在制备$Co_3O_4/Ni(OH)_2$复合材料之前，仅以$Co(NO_3)_2 \cdot 6H_2O$为起始原料，将溶剂的量、表面活性剂的量、尿素的量减半，以同样的条件制备出前驱体粉末，将前驱体粉末在 250 ℃下进行热处理 2 h 后得到最终的样品。

4.2.1 材料的相组成及结构分析

4.2.1.1 XRD 分析

图 4-2 是在水热条件下所制备的前驱体和在 250 ℃下进行热处理 2 h 后所得样品的 XRD。由图 4-2（a）可以看出，前驱体没有明显的衍射峰存在，只是在 33°和 60°附近出现两个较大的峰包，这表明生成的是无定型相结构。根据实验过程分析可以判断与 JCPDS No. 30-443 一致，说明此过程生成的是$Co(OH)_2$。在此水热过程中首先是尿素的分解出NH_4^+，然后与溶液中的Co^{2+}与OH^-反应生成$Co(OH)_2$。具体发生的化学反应为：

$$CO(NH_2)_2 \longrightarrow NH_3 + HNCO \rightarrow NH_4^+ + NCO^- \tag{4-1}$$

$$NCO^- + 2OH^- + H_2O \longrightarrow NH_3\uparrow + CO_3^{2-} \tag{4-2}$$

$$2NH_3 + 2H_2O + Co^{2+} \longrightarrow Co(OH)_2\downarrow + 2NH_4^+ \tag{4-3}$$

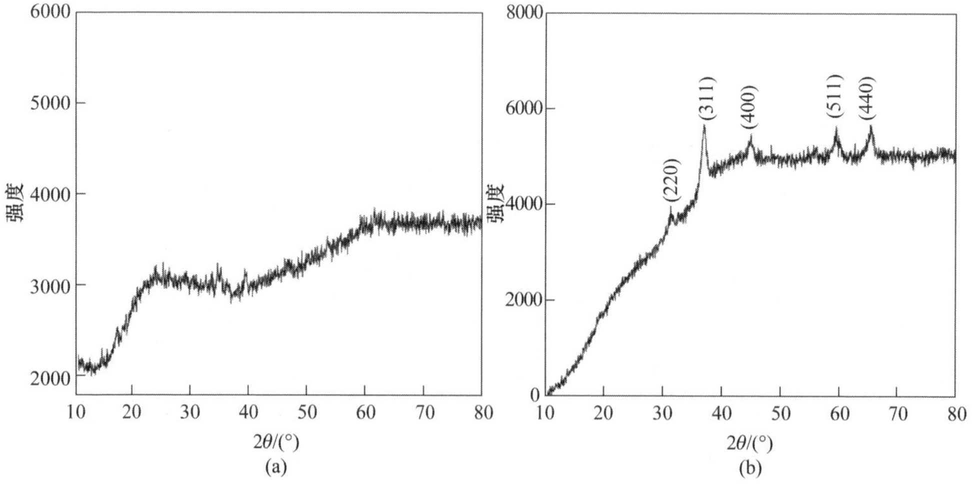

图 4-2 材料处理后样品的 XRD

（a）前驱体；（b）250 ℃热处理的样品

从图 4-2（b）可以看出，热处理后的样品与标准图谱 JCPDS No. 9-418 一致，从而可以确定样品为 Co_3O_4，且没有明显的杂峰出现。样品的衍射峰较宽，这表明晶粒较小，由谢乐公式可以计算得到所制备的 Co_3O_4 样品的晶粒尺寸约为 12 nm。由此可见，在实验条件下所制备的前驱体为 $Co(OH)_2$，在 250 ℃下进行热处理 2 h 后可以得到纯相的 Co_3O_4。

4.2.1.2　SEM 分析

图 4-3 是水热制备的前驱体 $Co(OH)_2$ 和热处理产物 Co_3O_4 的 SEM 图。从图 4-3（a）（b）中可以看出，在此条件下制备的 $Co(OH)_2$ 是由蒲公英状与纳米花状的混合多层次结构组成，其中蒲公英状由约 10 nm 的纳米线组成，而组成纳米花状纳米片的厚度约为 15 nm，此纳米片的表面平滑且面积较大。由图 4-3（c）（d）可以看出，分解后的整体形貌保持了前驱体的蒲公英状与纳米花状的混合形貌，在前驱体的基础上蒲公英状的形貌更加明显。此结构可能具有较大的比表面积，这有利于电解液中 OH^- 进入活性材料内部进行充分的反应，为活性材料具有高的电化学性能奠定良好的基础。

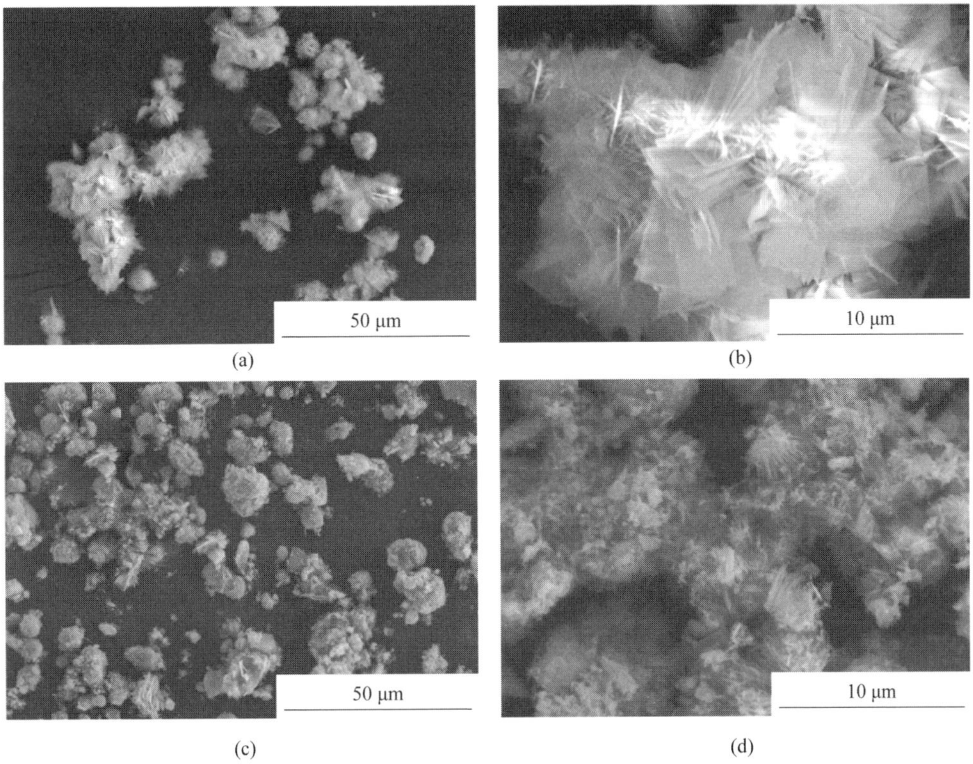

图 4-3　水热制备的产物前驱体和热处理产物

（a）（b）$Co(OH)_2$；（c）（d）Co_3O_4

4.2.1.3 比表面积测试

图 4-4 为 N_2 对 Co_3O_4 样品的吸附-脱附等温滞回线，插图为孔径分布图。用 BET 方程计算得到材料比表面积为 192 m^2/g。图 4-4 中滞回线表明该材料呈现多孔性固体的吸附特征，孔径主要分布为 1~5 nm。较大的比表面积和孔结构是材料产生高比电容的一个重要原因。

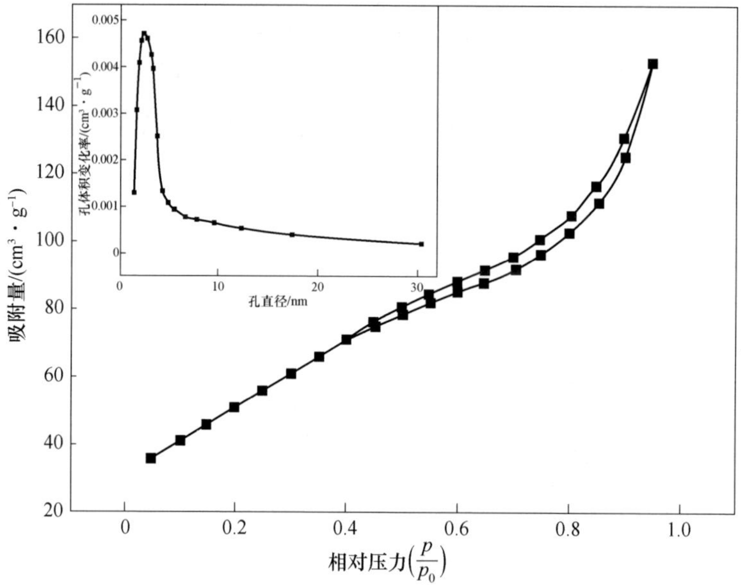

图 4-4 N_2 对 Co_3O_4 样品的吸附-脱附等温滞回线

4.2.2 电化学性能分析

图 4-5 是热处理后所得 Co_3O_4 样品的电化学性能曲线，其中测试电解液浓度为 6 mol/L KOH，循环伏安的测试电压范围为 0~0.45 V，恒流充/放电的电压范围为 0~0.4 V。由图 4-5（a）可以看出，该图有明显的氧化还原峰存在，因此该材料表现出由 Co_3O_4 发生的氧化还原反应引起的典型的赝电容特性。在不同速率的循环伏安曲线中，出现两对氧化还原峰：第一对氧化峰中，氧化峰对应 Co_3O_4 氧化为 CoOOH 的过程，还原峰对应其逆过程；第二对氧化还原峰中，氧化峰对应 CoOOH 氧化为 CoO_2 的过程，还原峰对应其逆过程。这两个过程均为法拉第准可逆过程。随着扫描速度的增大，可以看到，氧化峰向电位高的方向移动，而还原峰向电位低的方向移动，也就是说氧化还原峰都随扫描速率的增大而滞后。这是因为当扫描速度很快时，内部不能快速提供电荷，使得电极不可能有较大电流通过。

从图 4-5（b）可以看出，电位/时间基本呈现线性关系，充/放电曲线呈现较好的对称性，其充/放电效率为 92%。由比电容的计算公式可知，在 4 mA/cm^2 电流密度下的比电容为 291.4 F/g。

图 4-5（c）是 Co_3O_4 样品在 0 V 下的交流阻抗曲线，其中频率为 10^{-2} ~ 10^5 Hz，施加的交流信号振幅为 0.005 V。图 4-5（c）中较小的半圆和低频区的末端与实轴基本垂直，这说明该材料具有较小的电荷传递阻抗。这一特性不仅有助于提高材料的比电容，而且能够在一定程度上改善材料的高功率性能。

由以上分析可知，所制备的活性材料的充/放电效率虽然较高，但是其具体的比电容还有待提高。

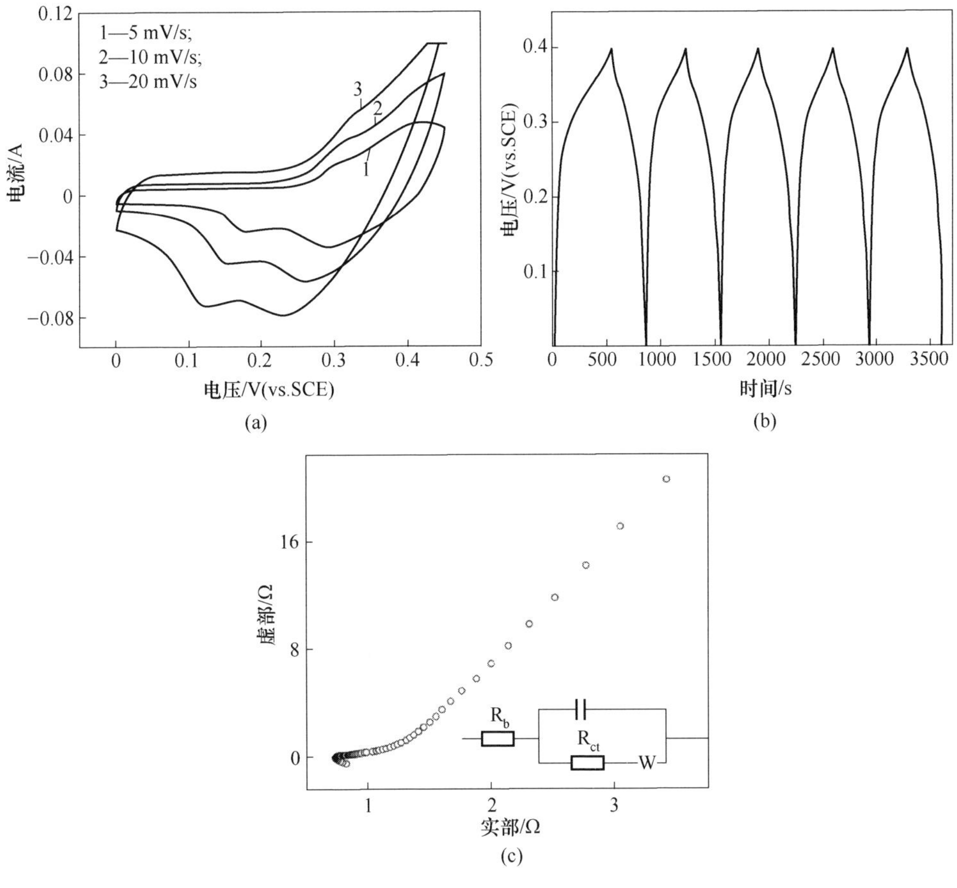

图 4-5 热处理后所得 Co_3O_4 样品的电化学性能曲线

（a）循环伏安曲线；（b）充/放电曲线；（c）交流阻抗曲线

4.3　Co_3O_4/Ni(OH)$_2$复合材料的表征

为了提高 Co_3O_4 的电化学性能，在实验中制备了不同原子比 Co∶Ni（1∶0，19∶1，9∶1，4∶1，7∶3，3∶2，1∶1）的复合活性材料，对不同比例在250 ℃热处理及原子比 Co∶Ni＝1∶1 不同温度处理的复合材料进行了结构和电化学性能的表征。

4.3.1　材料相组成及结构分析

4.3.1.1　XRD 分析

图 4-6 为制备 Co_3O_4/Ni(OH)$_2$ 复合材料电化学性能曲线，由图 4-6（a）可以看出，当原子比 Co∶Ni 的比例小于或等于 4∶1 时，在 XRD 中只能观察到明显的对应于 Co_3O_4 相的谱峰，这可能是由于 Ni(OH)$_2$ 含量相对较低的缘故。当 Ni 的含量（原子分数）由 20%增加到 50%时，可以观察到 Ni(OH)$_2$ 的峰逐渐明显，此时是 Co_3O_4 与 Ni(OH)$_2$ 的混合相，无杂峰出现，在整个复合的 XRD 图谱中，XRD 的峰强都较弱，这说明 Co_3O_4 与 Ni(OH)$_2$ 的复合活性材料的结晶度较低。由此可以说明，在 250 ℃热处理下能够得到 Co_3O_4/Ni(OH)$_2$ 的复合材料。

因为热处理温度对热处理后的样品相影响较大，所以对前驱体进行不同温度的热处理。图 4-6（b）是原子比 Co∶Ni＝1∶1 在 150～250 ℃进行热处理的 XRD，当处理温度低于 250 ℃时，是 Co(OH)$_2$ 与 Ni(OH)$_2$ 的共存相；温度在250 ℃时，出现 Co_3O_4 与 Ni(OH)$_2$ 的共存相，谱峰的强度都较弱；当热处理温度

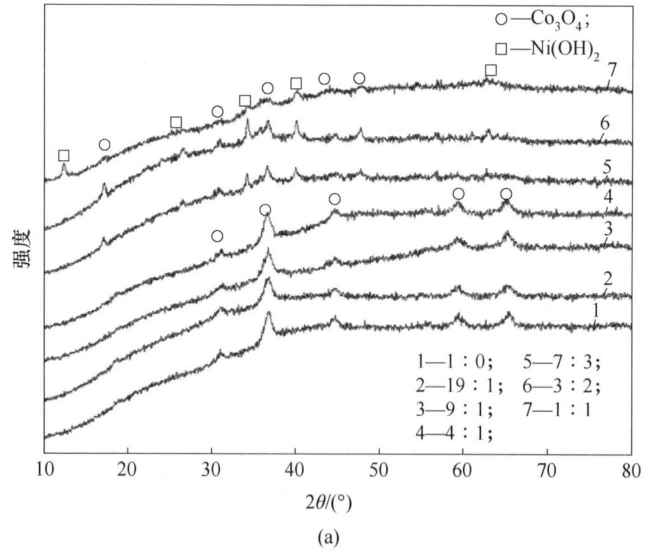

(a)

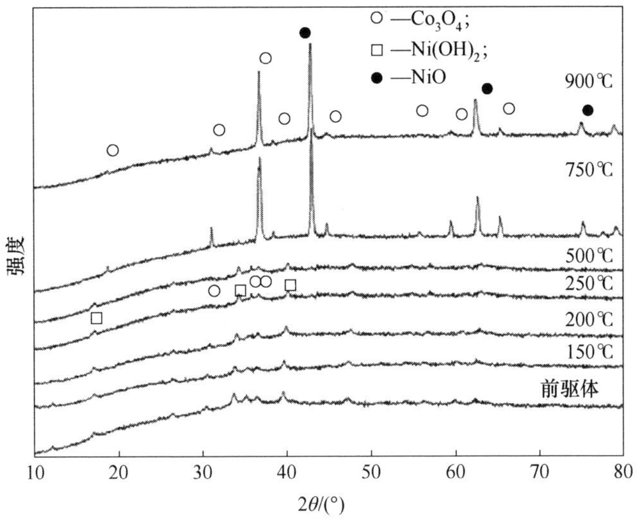

(b)

图 4-6 不同温度下制备 $Co_3O_4/Ni(OH)_2$ 复合材料的 XRD

(a) 在 250 ℃热处理下不同比例 Co：Ni 的 XRD；(b) 在不同温度下的 Co：Ni=1：1

高于 250 ℃，且在 750 ℃时，谱峰对应于 Co_3O_4 与 NiO，且峰变得尖锐，从整个 XRD 图谱可以看出，没有杂峰出现。通过以上分析可以说明，温度对材料的结构形成有重要的影响，进而影响到材料的电化学性能。

4.3.1.2 SEM 及生长机理分析

图 4-7 是原子比 Co：Ni=1：1 时的前驱体在 250 ℃热处理的电化学性能曲线。从图 4-7 (a) (d) 中可以看出，$Co_3O_4/Ni(OH)_2$ 样品是由一维纳米棒和由纳米棒组成的微球状多层次组成，其中纳米棒的直径为 10~20 nm，长度在 1 μm 左右，而微球的直径为 1~5 μm。同时还可以观察到，纳米棒的末端比较尖锐。一维纳米棒结构有利于电化学反应中的电子传导，减少活性材料与电解液的扩散阻抗，同时这种结构具有较大的比表面积，有利于电化学反应中的 OH^- 进入活性材料内部进行充分电化学反应，从而提高活性材料的电化学性能。由 4-7 (e) 的 EDX 图谱可以看出，250 ℃热处理后所制备的复合物中 Co 与 Ni 的原子比例约为 1：1，与所配制实验溶液中 Co 与 Ni 的比例基本一致，这说明在实验条件下溶液中的 Co 与 Ni 能够完全沉淀形成氢氧化物。

为了了解纳米 $Co_3O_4/Ni(OH)_2$ 复合材料的棒状微球的形成机制，对 $Co_3O_4/Ni(OH)_2$ 复合材料的形成机制进行分析，其过程如图 4-8 所示。首先，SDS 溶于水中，自组装形成带负电的胶束，当 $Co(NO_3)_2 \cdot 6H_2O$ 和 $Co(NO_3)_2 \cdot 6H_2O$ 加入溶液中时，由于静电力的作用，Co^{2+} 和 Ni^{2+} 被吸附在 SDS 胶束表面。

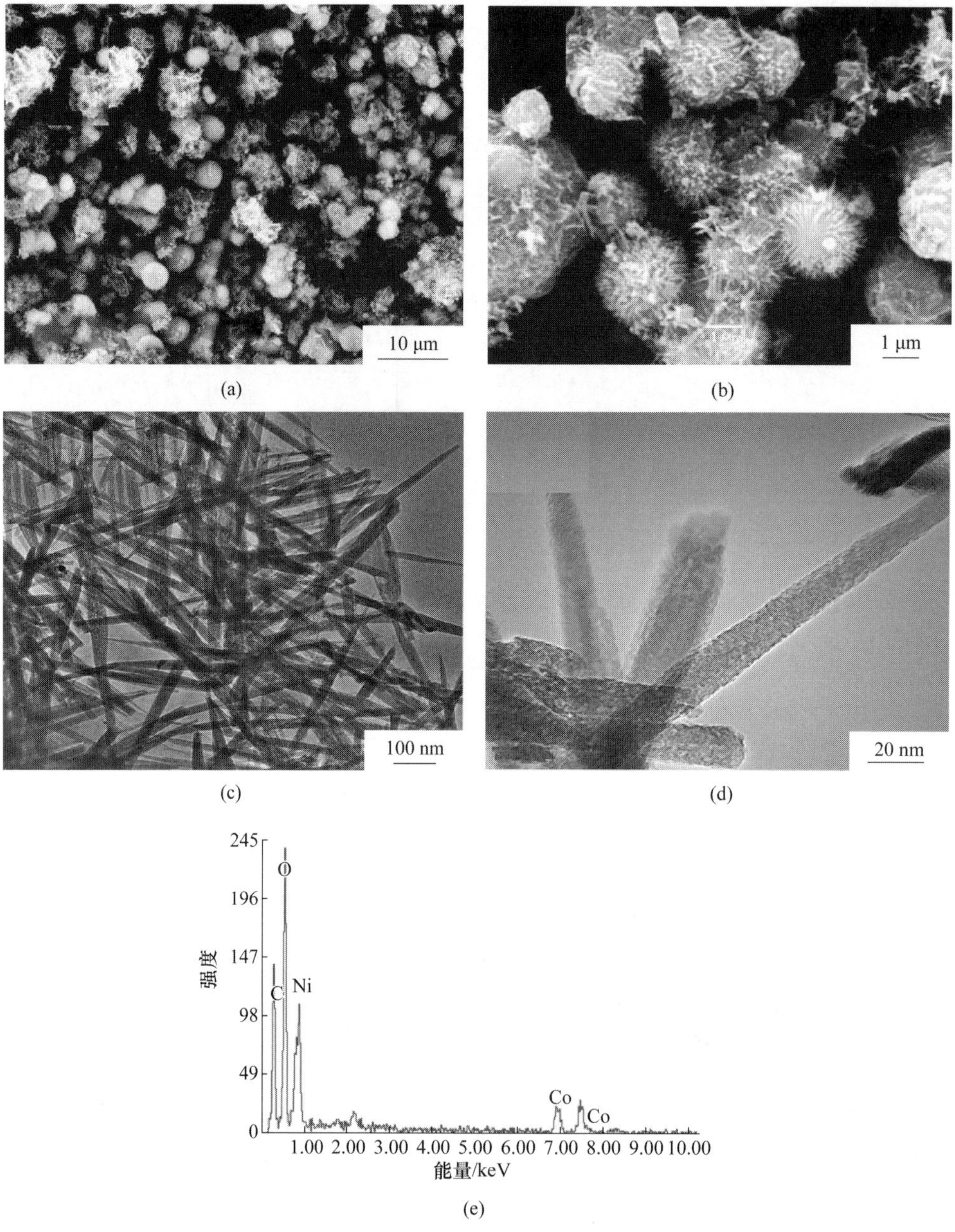

图 4-7　原子比 Co∶Ni 为 1∶1 时在 250 ℃热处理后的电化学性能曲线
(a)(b) SEM；(c)(d) TEM；(e) EDX

随着水热温度的提高，尿素分解出氨，溶于水使得溶液的 pH 值升高，从中阻止了溶液的过饱和，从而有利于形成 $Co(OH)_2$ 和 $Ni(OH)_2$ 的成核。反应开始阶段，

溶液中的 $Co(OH)_2$ 和 $Ni(OH)_2$ 的核心较多，因为生长动力学及表面活性的作用，使得金属氢氧化物定向生长，核心生长得到较多的 $Co(OH)_2$ 和 $Ni(OH)_2$ 的混合晶型的纳米棒。$Co(OH)_2$ 和 $Ni(OH)_2$ 中存在大量的层间水，纳米棒之间由于易发生定向的氢键作用而团聚，从而得到特定结构的 $Co(OH)_2$ 和 $Ni(OH)_2$ 的纳米棒状微球。在初始阶段，$Co(OH)_2$ 和 $Ni(OH)_2$ 的纳米棒状微球主要以 $Co(OH)_2$ 和 $Ni(OH)_2$ 纳米棒团聚的方式生长，粒径分布不均匀。随着反应时间的进行，溶液中的 $Co(OH)_2$ 和 $Ni(OH)_2$ 沉淀以形成的纳米棒状微球表面为核心继续生长，这种表面生长的方式导致 $Co(OH)_2$ 和 $Ni(OH)_2$ 的纳米棒状微球的粒径增大。当水热合成结束后进行用水和乙醇分别洗涤时，有机表面活性剂 SDS 将被洗掉，从而得到纯相的 $Co(OH)_2/Ni(OH)_2$ 复合结构的纳米棒状微球。$Co(OH)_2$ 和 $Ni(OH)_2$ 的纳米棒状微球在 250 ℃ 热处理后，由于对前驱体形貌的继承性，从而生成 Co_3O_4 和 $Ni(OH)_2$ 的混合棒状微球，且仍能保持前驱体的结构。此结构为 $Co_3O_4/Ni(OH)_2$ 复合材料，具有良好的电化学性能，奠定了基础。

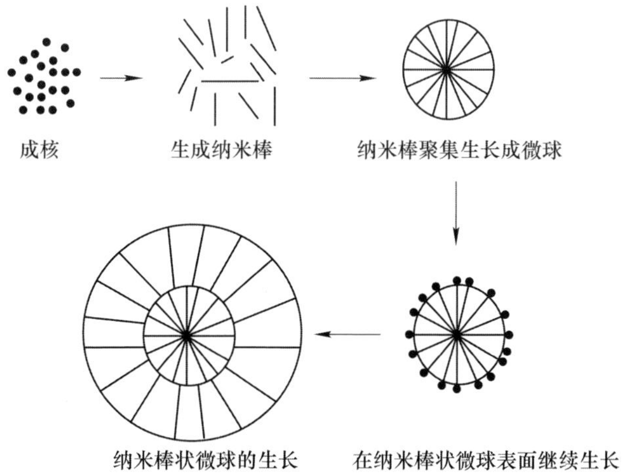

图 4-8 $Co_3O_4/Ni(OH)_2$ 复合材料的形成过程

4.3.1.3 比表面积测试

如图 4-9 所示，在原子比 Co : Ni = 1 : 1 时前驱体在 250 ℃ 热处理后，$Co_3O_4/Ni(OH)_2$ 复合材料进行 N_2 吸附-脱附，用 BET 方程计算得到材料的比表面积为 128.6 m^2/g。图 4-9 中的滞回线区域相对压力为 0.4~1.0，这表明该材料呈现多孔性固体的吸附特征。通过等温曲线的吸附曲线和 BJH 的方法可以计算出，孔径主要分布为 2~6 nm，孔径中心在 3.7 nm，这说明所制备的复合材料具有较窄的孔径分布孔结构。大的比表面积和孔结构为 $Co_3O_4/Ni(OH)_2$ 复合材料产生高的比容量奠定了基础，因为离子在电极/电解液内表面中的传输速度是由电极材料中的孔结构决定的，这意味着大的比表面积使得电解液有利于进入活性材料的内部进行充分的电化学反应，同时减少了分散阻抗。

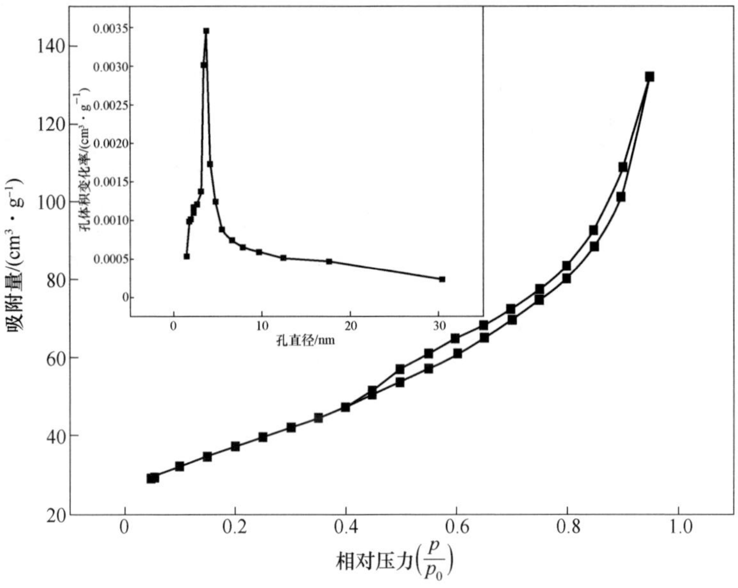

图 4-9 原子比 Co∶Ni=1∶1 时 $Co_3O_4/Ni(OH)_2$ 复合材料的吸附-脱附等温滞回线（250 ℃热处理）

4.3.2 $Co_3O_4/Ni(OH)_2$ 复合材料的电化学性能

图 4-10 是 $Co_3O_4/Ni(OH)_2$ 复合材料的电化学性能，在整个电化学测试中所用电解液为 6 mol/L KOH，循环伏安电压范围为 0~0.45 V、0~0.4 V。图 4-10（a）是不同原子比例的 Co∶Ni 在 250 ℃热处理后样品 5 mV/s 扫描速度下的循环伏安曲线，从图中可以看出，循环伏安比例在低于原子比 Co∶Ni=19∶1 时，出现两

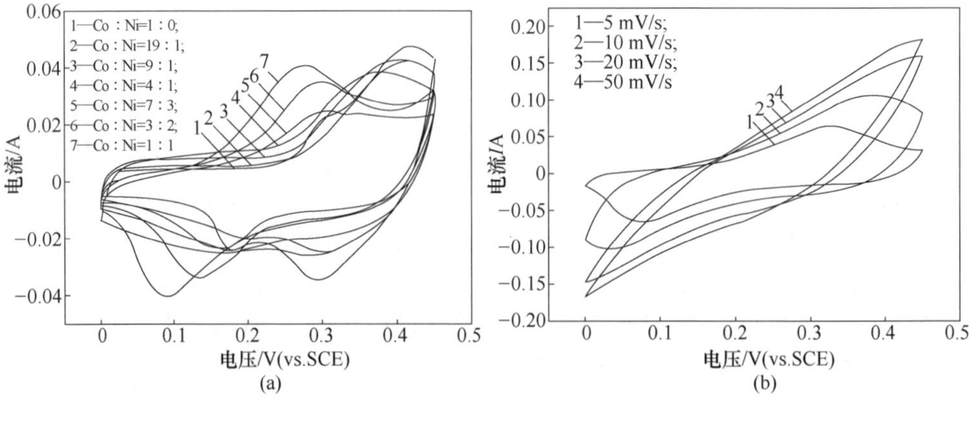

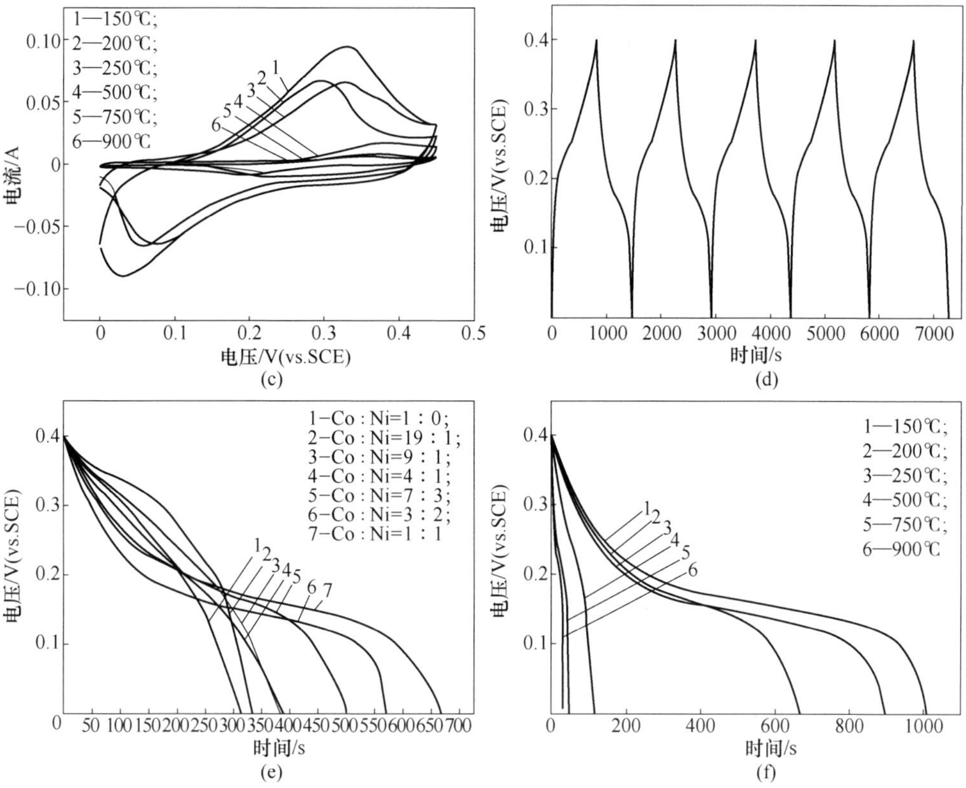

图 4-10　$Co_3O_4/Ni(OH)_2$ 复合材料的电化学性能

(a) 不同比例 Co∶Ni 250 ℃热处理后在 5 mV/s 速度下的循环伏安曲线；

(b) 原子比 Co∶Ni =1∶1、250 ℃热处理后不同扫描速度下的循环伏安曲线；

(c) 原子比 Co∶Ni =1∶1、不同温度热处理后，在 5 mV/s 速度下的循环伏安曲线；

(d) 原子比 Co∶Ni =1∶1、250 ℃热处理后，在 4 mA/cm^2 电流密度下的 5 次充/放电曲线；

(e) 不同原子比 Co∶Ni、250 ℃热处理后，在 4 mA/cm^2 电流密度下的放电曲线；

(f) 原子比 Co∶Ni=1∶1，不同温度下热处理后，在 4 mA/cm^2 电流密度下的放电曲线

对氧化还原峰，由于 Ni 含量较低，Co_3O_4 反应占主导地位，在较低电位时的氧化还原峰发生 Co^{2+}/Co^{3+} 之间的相互转换过程，较高电位的氧化还原峰是 Co^{3+}/Co^{4+} 的准可逆转换过程。此时主要发生电化学反应为：

$$Co_3O_4 + H_2O + OH^- \rightleftharpoons 3CoOOH + e^- \tag{4-4}$$

$$CoOOH + OH^- \rightleftharpoons CoO_2 + H_2O + e^- \tag{4-5}$$

随着原子比 Co∶Ni 比例的增加，此时两对氧化还原峰逐渐转化成一对，除了发生 Co_3O_4 的式（4-4）和式（4-5）外，也会发生 Ni^{2+} 和 Ni^{3+} 之间的反应，其电化学反应为：

$$Ni(OH)_2 + OH^- \rightleftharpoons NiOOH + H_2O + e^- \tag{4-6}$$

另外，还可以看出随着原子比 Co∶Ni 比例的增加，曲线所围的面积增大，这说明材料的比电容增大。当活性材料正扫的过程中时，曲线在 0.35~0.45 V 随原子比 Co∶Ni 比例的增加而转向更迅速，这说明 $Co_3O_4/Ni(OH)_2$ 复合材料具有较好的电化学性能。图 4-10（b）是原子比 Co∶Ni=1∶1 时在 250 ℃热处理后不同扫描速度下的循环伏安曲线，由图可知，当扫描速度为 5 mV/s 和 10 mV/s 时，出现一对氧化还原峰，其主要是因为发生式（4-4）~式（4-6）的电化学反应所致。比较两个速度的氧化还原峰，扫描速度为 10 mV/s 的阳极峰比 5 mV/s 正移，而阴极峰负移，峰电位的差值逐渐增加，当扫描速度增加到 20 mV/s 以上时，氧化还原峰逐渐消失。这表明随着扫描速度的增大，电极的极化增强，反应的不可逆性加强。图 4-10（c）是原子比 Co∶Ni=1∶1、不同温度热处理后，在 5 mV/s 速度下的循环伏安曲线，由图可知，在 150~250 ℃热处理温度范围内循环伏安曲线都出现一对非对称较宽的氧化还原峰，表明弱的准可逆氧化还原性。这种现象产生的原因是在低温时，无定型结构中水的含量比高温时高的缘故。当热处理温度逐渐升高到 900 ℃时，电压/电流减小非常迅速，较大的氧化还原峰值减小，直至最后几乎消失。从循环伏安曲线所围面积来看，其面积随热处理温度的提高迅速减小，这也说明比电容随热处理温度的提高有较大的降低。这可能是随热处理温度的提高，全部形成 Co_3O_4/NiO 复合相，并且晶体颗粒长大形成完整的晶体结构，减小了活性材料的比表面积，进而限制了电解液 OH^-在材料内部的传输，仅仅在活性材料的表面反应，从而减小了材料的比电容。由此可以看出，含水的无定型结构的电化学性能优于结晶完好、无水的复合物，这是因为含水的复合物不但让电解液在材料的表面反应，还可以让其在材料的内部反应。

$Co_3O_4/Ni(OH)_2$ 复合材料的恒流充/放电测试在 6 mol/L KOH 电解液中，电流密度为 4 mA/cm^2。图 4-10（d）是原子比 Co∶Ni=1∶1、250 ℃热处理后，在 4 mA/cm^2 电流密度下的 5 次充/放电曲线。从图中可以看出，曲线在较宽的电压范围 0~0.4 V 具有稳定的充/放电行为，基本上表现出线性的 $E-t$ 响应。图 4-10（e）（f）分别是不同原子比 Co∶Ni 在 250 ℃热处理样品，以及原子比 Co∶Ni=1∶1 在不同热处理温度下的恒流放电曲线。从图 4-10（e）可以看出，随着 Ni 含量的增加，曲线的放电平台变差，复合材料的氧化还原性变弱。但是复合材料原子比 Co∶Ni=1∶1 的氧化还原行为随热处理温度的提高而变得较好，其行为如图 4-10（f）所示。根据比电容的计算公式，可以得到复合材料 $Co_3O_4/Ni(OH)_2$ 不同原子比的 Co∶Ni 在 250 ℃热处理后的比电容，以及原子比 Co∶Ni=1∶1 不同热处理温度下的比电容值，其值分别见表 4-1 和表 4-2。从表 4-1 可以看出，$Co_3O_4/Ni(OH)_2$ 的复合物的比电容随 Ni 含量的增加而增大。另外，比较复合物原子比 Co∶Ni=1∶1 时在未加入表面活性剂 SDS 时可以看出，加入表面活性剂 SDS 表现出较高的比电容，这主要是因为加入 SDS 后形成的复合材料具有介孔结构和高的比表面积。表 4-2 显示了原子比 Co：Ni=1：1 时不同热处理温度的比电容，可以观察到，比电容随热处理温度的提高而迅速减小。水热制备的前驱体在 150 ℃热处理时表现出最高的比电容为 1098.5 F/g。然而当温度升高到 900 ℃时，比电容值仅有 34.7 F/g，这说明所制备的复合物的比电容依赖于热处理温度，含水复合物的无定型态较结晶完善具有更高的比电容。

表 4-1 复合材料 Co_3O_4/Ni(OH)$_2$ 不同原子比 Co：Ni 在 250 ℃热处理比电容

原子比 Co：Ni 比例	比电容/(F·g^{-1})
1：0	291.4
19：1	307.1
9：1	357.1
4：1	360.8
7：3	596.9
3：2	643.6
1：1	899.3
1：1（无 SDS）	856.7

表 4-2 复合材料 Co_3O_4/Ni(OH)$_2$（原子比 Co：Ni=1：1）不同热处理温度比电容

热处理温度/℃	比电容/(F·g^{-1})
150	1098.5
200	938.3
250	899.3
500	117.3
750	44.3
900	34.7

4.4 CNT/Ni(OH)$_2$ 电极材料的制备及表征

因为 Ni(OH)$_2$ 存在导电性差的缺点，所以超级电容器的等效串联电阻较大，从而影响其功率特性。为了充分发挥碳纳米管和 Ni(OH)$_2$ 两者在结构、性能方面的优势而避免不足，本节使用碳纳米管与氢氧化镍复合材料来制备超级电容器。

4.4.1 碳纳米管的处理

定量称取多壁碳纳米管 1.5 g（深圳纳米港提供），将其浸入 150 mL

2.6 mol/L 的稀 HNO_3 溶液中，在 80 ℃恒温下回流 24 h；随后抽滤，用大量的去离子水洗涤至中性为止，在 80 ℃真空干燥箱中干燥 12 h；然后在 H_2SO_4 与 HNO_3 的混合酸中 [$V(HNO_3):V(H_2SO_4)=1:1$] 超声处理 7 h，再用去离子水将其抽滤洗涤至中性，在真空干燥箱中干燥 12 h 后备用。

4.4.2 CNT/$Ni(OH)_2$ 复合材料制备

实验中所用的原材料均为分析纯。复合材料的合成过程如下：2 mmol $Ni(NO_3)_2 \cdot 6H_2O$ 与 20 mL 水和无水乙醇（体积比为 1∶1）的混合溶剂中，搅拌均匀后，加入酸处理过的不同比例的 CNT［含量（质量分数）分别为 5%、10%、20%，按理论生成 $Ni(OH)_2$ 的量计算］，搅拌 30 min 后放入超声清洗器中超声 1 h（功率为 40%）取出；在磁力搅拌下，分别加入 20 mmol 的尿素和 0.1 g 的 SDS，搅拌 30 min 后，将反应混合物装入反应釜内，填充度为 80%；放入 110 ℃烘箱内保温 15 h，自然冷却至室温，离心分离；用去离子水和无水乙醇分别洗涤 3 次，在 80 ℃下干燥 12 h，即得水热产物粉末。

4.4.3 CNT/$Ni(OH)_2$ 电极材料的相组成及结构

4.4.3.1 XRD 分析

图 4-11 是碳纳米管在酸化处理前后加入不同量 CNT 的 XRD。从图 4-11（a）可以看出，样品的谱峰出现在 26.5°、43.2°、44.6°、54.2°附近，从而可以确定样品为 CNT，对应于 CNT 的（002）、（100）、（101）、（004）晶面的衍射峰，且没有明显的杂峰出现。其中，其特征主峰在 $2\theta=26.5°$，与石墨的主峰

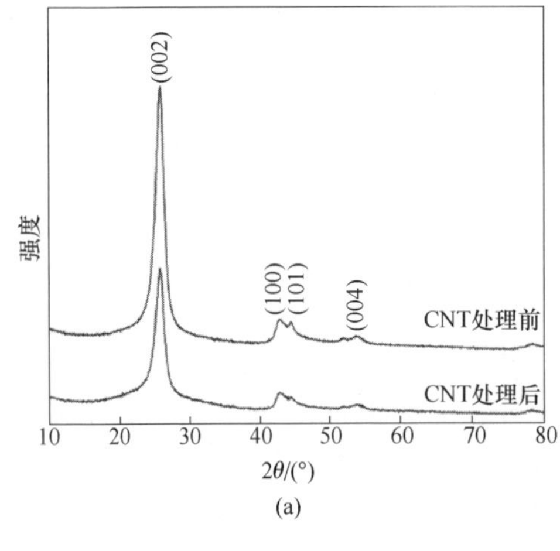

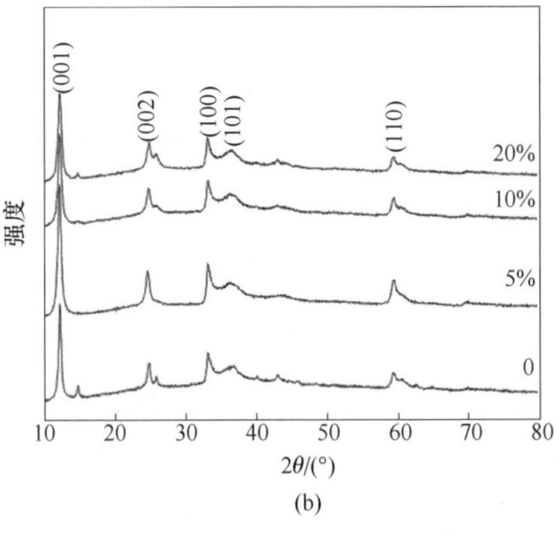

图 4-11 碳纳米管在酸化处理前后加入不同量 CNT 的 XRD
（a）CNT 处理前后；（b）加入不同量（质量分数）CNT

（2θ=26.5°）相近，但其峰形较宽、强度较低，这表明碳纳米管结构的长程有序度比石墨的低。其 d 值对应于碳纳米管的两同轴石墨圆柱面之间，其距离为 0.34 nm。从图 4-11（a）中可以看出，处理后的 CNT 的峰强明显变弱且宽化，这表明 TNT 在酸化处理的过程中结构有所改变。图 4-11（b）为加入 CNT 不同含量（0、5%、10%、20%）的 XRD 图，从图中可以看出，当加入 CNT 时，与 α-$Ni(OH)_2$ 的谱峰对比一致，这说明加入 CNT 后的主峰位置位未发生位移现象，但是可以发现，随着碳纳米管含量的增加，α-$Ni(OH)_2$ 的衍射峰的强度变弱。根据谢乐公式可以计算得到，加入 CNT 含量 0、5%、10%、20% 的粒径分别为 21.09 nm、14.58 nm、14.57 nm、13.65 nm。由此也可以判断，碳纳米管的存在并不影响 α-$Ni(OH)_2$ 的晶型，只影响晶粒的大小。

4.4.3.2 SEM 分析

图 4-12 是碳纳米管处理过程中的 SEM。从图 4-12（a）（b）可以看出，经过酸化处理后，形貌并没有遭到破坏，仍呈现出长且相互缠绕的形貌。经过浓酸溶液的处理，碳纳米管在水溶液中溶解性有所提高。另外，经过酸化处理后，可

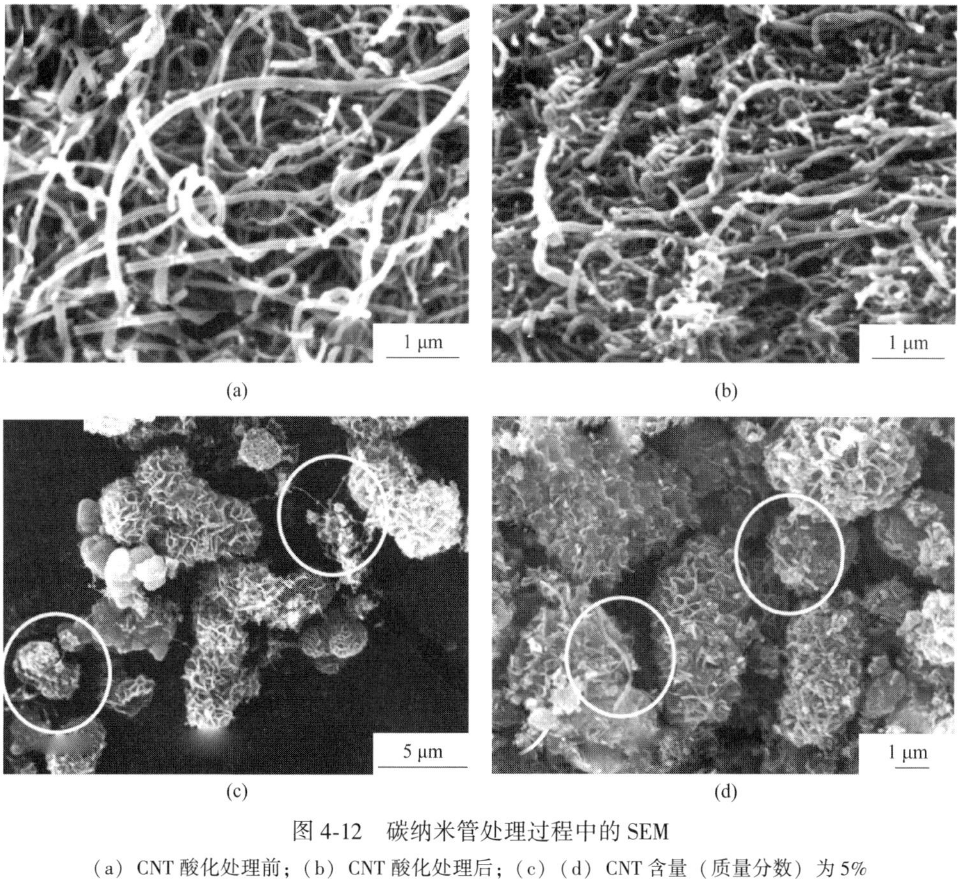

图 4-12 碳纳米管处理过程中的 SEM

（a）CNT 酸化处理前；（b）CNT 酸化处理后；（c）（d）CNT 含量（质量分数）为 5%

能原来大部分管口由封闭状态变为敞开状态。由于所制备的 CNT/Ni(OH)$_2$ 复合物的 SEM 图基本相似，本节只列出了一种复合物的 SEM 图。从图 4-12（c）（d）可知，加入含量（质量分数）为 5%的 Ni(OH)$_2$，形貌仍呈现与未加 CNT 前的形貌相似，保持其多层次结构。仅有加入 CNT 后的形貌在 Ni(OH)$_2$ 的颗粒周围覆盖有 CNT（图中画圈处），因为 CNT 的比表面积较大，同时又具有管状结构，所以 CNT/Ni(OH)$_2$ 的复合电极增大了 Ni(OH)$_2$ 的利用率和导电性，同时也增加了电极与电解液界面的接触，从而使 OH^-的迁移更加容易，这些特点都可能会极大地提高 Ni(OH)$_2$ 的比电容。

4.4.4　CNT/Ni(OH)$_2$ 电极材料的电化学性能

图 4-13 为 CNT/Ni(OH)$_2$ 电极材料的电化学性能曲线，其中整个测试的电解液是 6 mol/L 的 KOH 溶液，循环伏安和恒流充/放电的电压范围分别为 0～0.45 V 和 0～0.4 V。由图 4-13（a）可以看出，不加 CNT 的纯 α-Ni(OH)$_2$ 在整个电压扫描范围内具有相似的氧化还原峰 P1 和 P2，这说明所制备的 CNT/Ni(OH)$_2$ 复合材料具有典型的赝电容电化学行为。氧化峰 P1 是 Ni^{2+}氧化成 Ni^{3+}的过程，还原峰 P2 是其逆过程。氧化峰随着 CNT 加入含量的增加向正方向移动，而还原峰则向负方向移动。在整个电压范围内可以看出，CNT/Ni(OH)$_2$复合材料的循环伏安曲线所围的面积都大于纯 α-Ni(OH)$_2$ 所围的面积，这说明加入 CNT 后材料的比电容提高。而且随着 CNT 加入量的增加，所围面积增加，这说明比电容随 CNT 的加入量增加，其原因可能是碳纳米管的高比表面积和 Ni(OH)$_2$ 本身的结构特征，从而增加了电极的活性表面积，使得活性物质与电解液之间的接触面增大，提高了活性物质的利用率；另外，纳米管的管道结构增加了电极的导电性，且有利于 OH^- 的迁移，使传荷速度加快，所以 CNT/Ni(OH)$_2$ 复合物表现出比纯 Ni(OH)$_2$ 更高的比电容和理想的电化学电容行为。

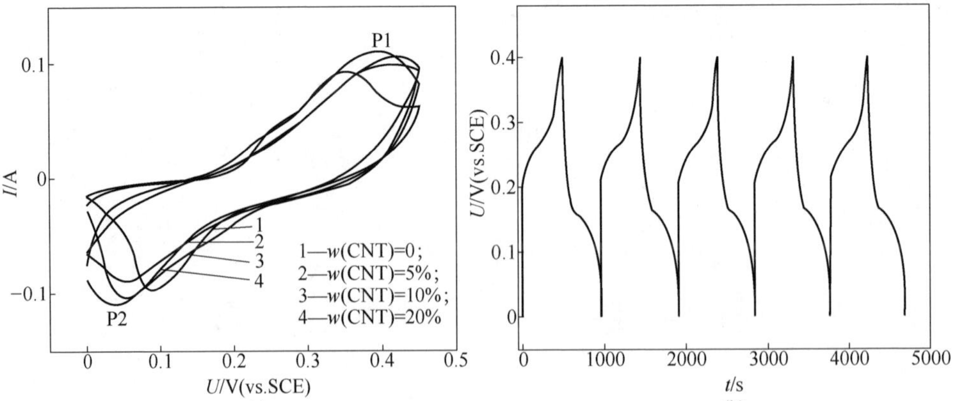

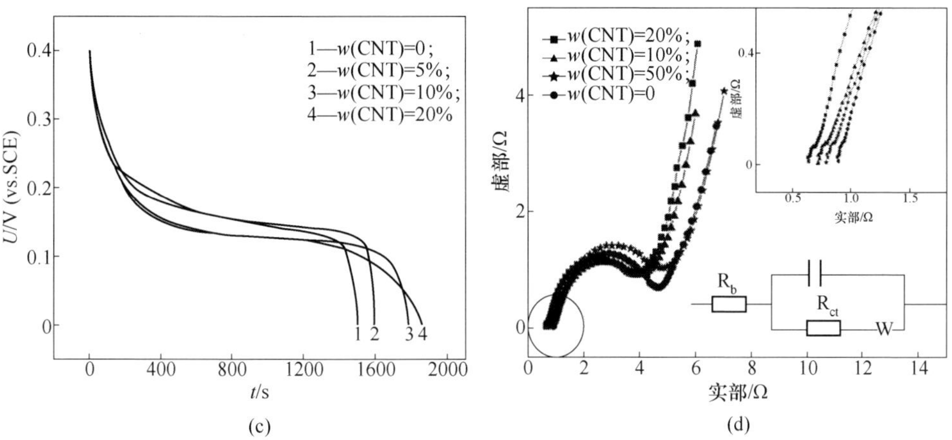

图 4-13 CNT/Ni(OH)$_2$ 电极材料的电化学性能

(a) 5 mV/s 循环伏安曲线；(b) 10 mA/cm^{2}5 次恒流充/放电曲线；

(c) 4 mA/cm^2 恒流放电曲线；(d) 不同比例 CNT 交流阻抗曲线

图 4-13（b）是 10 mA/cm^2 5 次恒流充/放电曲线，其中 CNT/Ni(OH)$_2$ 中加入 CNT 的含量（质量分数）为 20%。从图 4-13（b）中可以看出，曲线在较宽的电压范围 0~0.4 V 内具有稳定的充/放电行为。

图 4-13（c）是 4 mA/cm^2 恒流放电曲线，由图可以看出，充/放电时间随 CNT 加入量的增加而增加，这说明比电容增加。根据比电容的计算公式，可以计算出在 4 mA/cm^2 电流密度下加入 CNT 含量（质量分数）0、5%、10%和 20%的比电容分别为 1772 F/g、2010 F/g、2083 F/g、2144 F/g。测试其他电流密度下的不同含量 CNT 下 CNT/Ni(OH)$_2$ 复合物的比电容见表 4-3，从表中可以看出，随电流密度的增大，比电容减小。对于加入 20%（质量分数）的 CNT，电流密度从 4 mA/cm^2 增加到 20 mA/cm^2 时，比电容从 2144 F/g 减小到 377 F/g。而在整个加入 CNT 含量的复合范围内，加入 20%的比电容均优于其他加入量的比电容，这与循环伏安的结构一致，从而表明 Ni(OH)$_2$ 与碳纳米管的复合提高了电极与电解液的接触面积，从而提高了活性物质的利用率。

图 4-13（d）是电极材料在不同 CNT 含量下的交流阻抗，其中施加的交流信号的振幅为 0.005 V，测试频率为 10^{-2} ~ 10^5 Hz，插图为等效电路及高频区放大图。电极的交流阻抗可以分成高频区、中频区和低频区三个部分。在高频区，通过阻抗曲线与实轴的交点可以估算电极的内阻。从图 4-13（d）中可以看出，CNT/Ni(OH)$_2$ 复合物含 CNT（质量分数）0、5%、10%、20%时的内阻分别为 0.897 Ω、0.787 Ω、0.716 Ω、0.635 Ω，这说明电极内阻随 CNT 加入量的增加而减小。另外，复合物电极在高频区的半圆直径都比纯 α-Ni(OH)$_2$ 的小，这说

明电化学过程中复合物电极的传荷电阻较小，这主要是因为 CNT 与 $Ni(OH)_2$ 的复合增加了其电极与电解液的接触面积，从而使质子扩散速度更快。

表 4-3　不同 CNT 含量下 $CNT/Ni(OH)_2$ 复合物的比电容

CNT 的含量（质量分数）/%	电流密度/($mA \cdot cm^{-2}$)			
	4	8	12	20
	比电容/($F \cdot g^{-1}$)			
0	1772	812	512	289
5	2010	815	520	321
10	2083	820	545	350
20	2144	832	576	377

4.5　介孔碳/$Ni(OH)_2$复合电极材料的制备及表征

4.5.1　介孔碳的制备

在实验过程中，首先需要制备模板介孔氧化硅 SBA-15。SBA-15 的制备步骤为：将 1.0 g 的表面活性剂 P123，与 10 mL 去离子水和 15 mL 的 4 mol/L 盐酸混合液放入烧杯中，在 50 ℃水浴中搅拌 1 h，直到表面活性剂全部溶解；待溶液完全澄清后，再逐滴加入正硅酸乙酯（TEOS）4.5 mL，在相同温度下搅拌 22 h；将所得到的混合溶液转移到聚四氟乙烯内衬内，在 100 ℃烘箱中水热反应 24 h，自然冷却后，经过滤去离子水洗涤，80 ℃烘箱中干燥，得到白色粉末；最后将所得粉末磨细，在空气气氛下以 2 ℃/min 的速率升温至 550 ℃，焙烧 6 h 以除去表面活性剂 P123，得到白色的纯氧化硅 SBA-15。

有序介孔碳制备步骤为：1 g 介孔氧化硅 SBA-15 加入含硫酸的蔗糖水溶液（按 1.25 g 蔗糖、0.2 g 硫酸和 5 g 水配制）中，搅拌均匀；混合物放在干燥箱中，50 ℃保温 12 h，随后温度升至 160 ℃保温 6 h；把 0.75 g 蔗糖、0.1 g 硫酸和 5 g 水加入蔗糖发生部分聚合的二氧化硅样品中，搅拌均匀，50 ℃和 160 ℃下在干燥箱中进行相同处理；随后在氮气保护气氛下以 250 ℃/h 的速率升至 900 ℃，保温 6 h，完成整个碳化过程；所得二氧化硅/碳复合产物用 8%（质量分数）的 HF 酸溶液浸渍，去除模板；最后产物经过滤，去离子水洗至中性，100 ℃干燥，磨细，得到有序介孔碳。

4.5.2　介孔碳/$Ni(OH)_2$复合电极材料的制备

实验中所用的原材料均为分析纯。复合材料的合成过程如下：2 mmol $Ni(NO_3)_2 \cdot 6H_2O$ 加入 20 mL 水和无水乙醇（体积比为 1∶1）的混合溶剂中，随后加入制备的不同比例的介孔碳［不同含量（质量分数）5%、10%、20%按理论生成$Ni(OH)_2$的量计算］，搅拌30 min后放入超声清洗器中超声1 h（功率为40%）；在磁力搅拌下，分别加入20 mmol的尿素和0.1 g的SDS，搅拌30 min后，将反应混合物装入反应釜内，填充度为80%；放入110 ℃烘箱内，反应15 h，自然冷却至室温；离心分离，用去离子水和无水乙醇分别洗涤3次，在80 ℃下干燥12 h即可得水热产物粉末。

4.5.3 介孔碳/$Ni(OH)_2$电极材料的相组成及结构

4.5.3.1 XRD分析

图4-14是实验制备中介孔碳和不同比例介孔碳/$Ni(OH)_2$复合电极材料的XRD。从图4-14（a）中可以看出，在小角XRD的1°左右有一个较强的衍射峰，这一现象与介孔碳标准卡片的峰一致，该峰对应于介孔碳的（100）面，其d_{100}的值为8.537 nm（$a_0=9.858$ nm，a_0为六方结构介孔材料的心-心距离，$a_0=2/\sqrt{3}d_{100}$），（100）面的强峰是具有六方结构介孔相材料的主要特征峰，该峰的存在表明有序介孔碳呈周期性排列，介孔碳的结构在电化学反应中有利于OH^-的嵌入和脱出，从而提高电化学性能提供良好的基础。图4-14（b）是不同含量（质量分数）介孔碳与$Ni(OH)_2$复合材料的XRD，从图中可以看出，当加入介孔碳时，其谱峰与α-$Ni(OH)_2$图谱对比一致，这说明加入介孔碳后的主峰位置位未发生偏移，但随介孔碳含量的增加，α-$Ni(OH)_2$的衍射峰强度变弱，根据谢乐公式可以计算出，加入介孔碳含量（质量分数）0、5%、10%、20%的粒径分别为21.09 nm、17.81 nm、17.46 nm、16.44 nm。由此也可以判断介孔碳的存在并不影响α-$Ni(OH)_2$的晶型，只影响晶粒的大小。

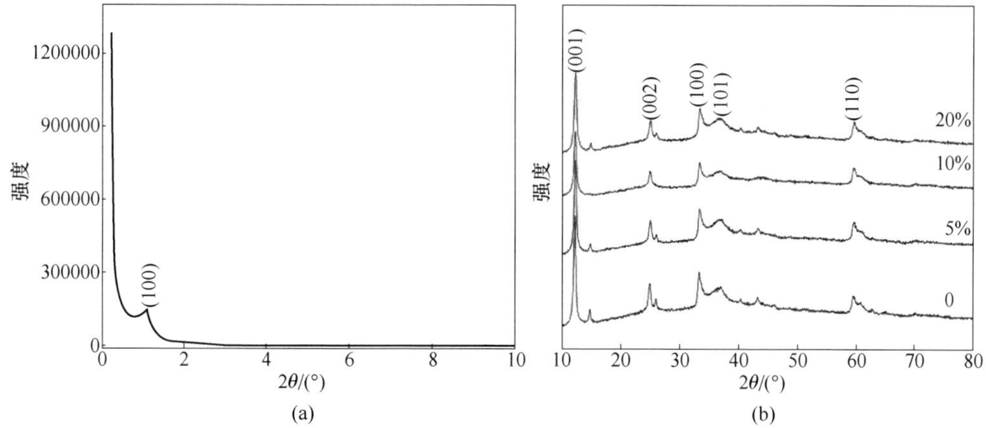

图4-14 介孔碳和不同比例介孔碳/$Ni(OH)_2$复合材料的XRD

（a）介孔碳；（b）复合材料

4.5.3.2　SEM 分析

图 4-15 是介孔碳和介孔碳 /$Ni(OH)_2$ 复合材料［介孔碳含量（质量分数）为 5%］的 SEM。从图 4-15（a）（b）可以看出，介孔碳的微粒宏观上呈现出短棒状形貌，微粒直径分布为 300~400 nm，长约 1 μm，介孔碳的这种独特结构具有良好的导电性。由图 4-15（c）（d）可以看出，复合材料整体形貌仍保持纯 α-$Ni(OH)_2$ 的纳米花片状的微球多层次结构，但在 $Ni(OH)_2$ 的周围有介孔碳存在（图中画圈处）。由于介孔碳的比表面积较大，又具有介孔结构，介孔碳 /$Ni(OH)_2$ 的复合增加了 $Ni(OH)_2$ 的利用率，也有利于电极与电解液界面的接触，从而使迁移 OH^- 离子更加容易，这些特点都可能会提高 $Ni(OH)_2$ 的比电容。

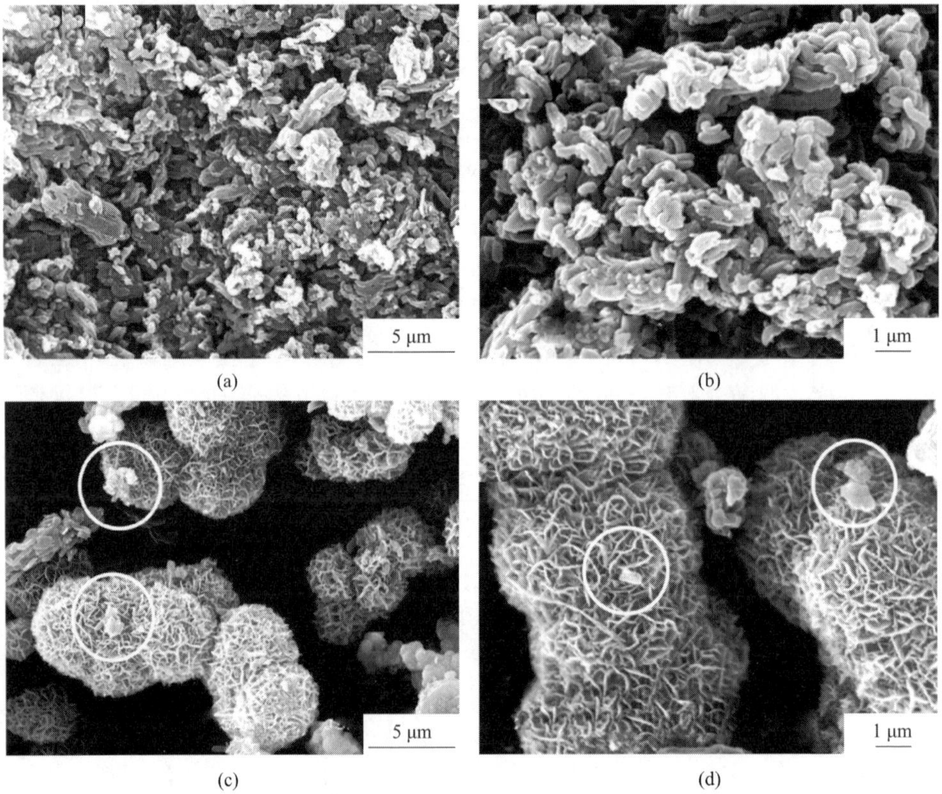

图 4-15　介孔碳和介孔碳 /$Ni(OH)_2$ 复合材料的 SEM

（a）（b）介孔碳；（c）（d）复合材料

4.5.4　介孔碳/$Ni(OH)_2$ 电极材料的电化学性能

图 4-16 是介孔碳 /$Ni(OH)_2$ 复合材料的电化学性能曲线。图 4-16（a）是 5 mV/s 循环伏安曲线，从图中可以看出，循环伏安曲线出现一对氧化还原峰 P1 和 P2，表现出赝电容行为，氧化峰 P1 是 $Ni(OH)_2$ 氧化成 NiOOH 的过程，还原

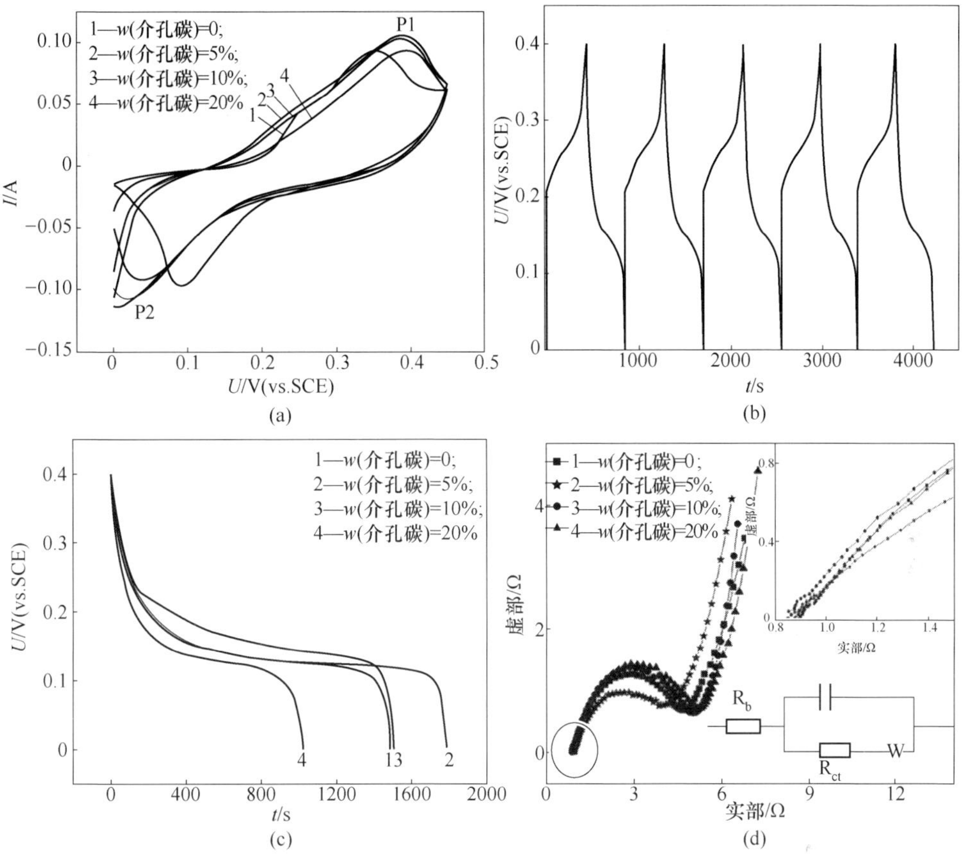

图 4-16 介孔碳 /Ni(OH)$_2$ 复合材料的电化学性能曲线

(a) 5 mV/s 循环伏安曲线；(b) 12 mA/cm^2 充/放电曲线；

(c) 4 mA/cm^2 放电曲线；(d) 不同比例介孔碳交流阻抗曲线

峰 P1 是其逆过程。氧化峰随介孔碳加入量的增加向右偏移，还原峰向左移动。就循环伏安曲线所围的面积而言，当 Ni(OH)$_2$ 加入介孔碳的含量（质量分数）为 5%和 10%时，循环伏安曲线所围面积大于纯的 Ni(OH)$_2$ 所围的曲线面积；但是当加入介孔碳含量为 20%时，其面积小于纯 Ni(OH)$_2$ 所围面积，这说明介孔碳 /Ni(OH)$_2$ 复合材料比电容大小与加入介孔碳含量的关系是 5%>10%>0>20%。其原因可能是在介孔碳复合含量为 5%和 10%时，介孔碳比表面积高且具有介孔结构，与活性物质的复合后，使得活性物质与电解液之间接触面积增多，提高了活性物质的利用率。同时，介孔碳与活性物质接触，缩短了电子传输路径，从而增加了电极的导电性，使传荷速度加快，通过改善 Ni(OH)$_2$ 的电极的电化学过程，即改善了电极的传质和传荷环境，复合电极表现出较高的电化学行为。当加入介孔碳复合量含量（质量分数）为 20%时，由于介孔碳含量超过最佳值，介孔

碳分布在 $Ni(OH)_2$ 周围较多，但介孔结构的孔不能弥补介孔碳本身填堵 $Ni(OH)_2$ 活性材料的孔隙分布，使得 OH^-不易进出，从而降低了材料的比电容。

图 4-16（b）是加入介孔碳含量（质量分数）为 5%时 12 mA/cm² 电流密度下的 5 次恒流充/放电曲线，从图中可以看出，曲线在较宽的电压范围 0~0.4 V 时具有稳定的充/放电行为。

图 4-16（c）是加入不同介孔碳含量的介孔碳/$Ni(OH)_2$ 复合材料在 4 mA/cm² 的放电曲线，从图中可以看出，整个复合样品都表现出赝电容行为。另外，从放电时间来看，复合介孔碳含量（质量分数）为 5%时的放电时间最长，其次是介孔碳含量（质量分数）为 10%、0、20%时，根据比电容的计算公式可以计算出加入介孔碳含量（质量分数）为 0、5%、10%、20%在 4 mA/cm² 电流密度的比电容分别为 1772 F/g、2191 F/g、2000 F/g、1584 F/g，同时也测试了在其他电流密度下的比电容，见表 4-4。从表 4-4 可以看出，其规律与电流密度为 4 mA/cm² 时的规律相似，这与循环伏安的结果是一致的。另外，在整个测试电流密度下，再加入含量（质量分数）为 5%的介孔碳的复合材料，可以表现出较大的比电容，在 4 mA/cm² 的比电容为 2191 F/g，而在 20 mA/cm² 仍能保持到比电容为 1381 F/g。

表 4-4　不同介孔碳的介孔碳/$Ni(OH)_2$ 复合物的比电容

介孔碳的含量（质量分数）/%	电流密度/(mA · cm⁻²)			
	4	8	12	20
	比电容/(F · g⁻¹)			
0	1772	812	512	289
5	2191	1784	1505	1381
10	2000	824	530	304
20	1584	530	288	130

图 4-16（d）是复合不同含量介孔碳的复合材料的交流阻抗，其中施加的交流信号的振幅为 0.005 V，测试频率为 10^{-2}~10^5 Hz，插图为等效电路及高频区放大图。由图 4-16（d）可知，电极的交流阻抗可以分成高频区、中频区和低频区三个部分。在高频区，通过阻抗曲线与实轴的交点可以估算电极的内阻。从图 4-16（d）中可以看出，介孔碳/$Ni(OH)_2$ 复合物含介孔碳的含量在 0、5%、10%、20%的内阻分别为 0.897 Ω、0.873 Ω、0.846 Ω、0.887 Ω，这说明加入介孔碳后的内阻均小于纯 α-$Ni(OH)_2$ 的内阻。另外，从复合物电极在高频区的半圆直径比较而言，复合物的都比纯 α-$Ni(OH)_2$ 的小，这说明电化学过程中复合物电极的传荷电阻较小，这主要是因为介孔碳与 $Ni(OH)_2$ 的复合增加了其电极与电解液的接触面积，从而使得质子扩散速度更快。

本章小结

（1）以 $Co(NO_3)_2 \cdot 6H_2O$ 为钴源，尿素为沉淀剂，SDS 为表面活性剂，水热-热分解法制备了蒲公英状的多层次结构 Co_3O_4 电极材料，此结构具有较大的比表面积，比表面积为 192 m^2/g，比电容为 291.4 F/g。在此基础上用相同的方法，以 $Co(NO_3)_2 \cdot 6H_2O$ 和 $Ni(NO_3)_2 \cdot 6H_2O$ 为原料，制备不同比例（1∶0，19∶1，9∶1，4∶1，7∶3，3∶2，1∶1）和不同热处理温度的纳米棒状 $Co_3O_4/Ni(OH)_2$ 复合微球多层次结构，对微球的形成机理进行了分析解释。此结构的微球在原子比 Co∶Ni=1∶1、250 ℃热处理时具有 128.6 m^2/g 的比表面积。同时对不同比例和不同热处理温度的 $Co_3O_4/Ni(OH)_2$ 复合材料进行了电化学性能测试，从而发现，比电容随复合比例的增大而增大，由原子比 Co∶Ni=1∶0 时的 291.4 F/g 增大到原子比 Co∶Ni=1∶1 时的 899.3 F/g；当原子比 Co∶Ni=1∶1 时，比电容随热处理温度的升高而减小，由 150 ℃热处理时的 1098.5 F/g 减小到 900 ℃时的 34.7 F/g。这说明当原子比 Co∶Ni=1∶1 时能够得到较优电化学性能的 $Co_3O_4/Ni(OH)_2$ 复合材料。

（2）为了提高 $Ni(OH)_2$ 的导电性，用水热法对 $Ni(OH)_2$ 进行不同含量的 CNT 复合，CNT 的复合并未改变原来的结构和形貌，其形貌保持了纳米片状多层次结构，与 α-$Ni(OH)_2$ 相同，CNT 在 $Ni(OH)_2$ 的周围，只改变了其导电性，提高了电化学性能。比电容随加入 CNT 含量的增加而增加，在 CNT 含量（质量分数）为 20%、电流密度为 4 mA/cm^2 时，比电容可达 2144 F/g，内阻随 CNT 加入量的增加而减小。因此，在加入不同含量的 CNT 时，都在不同程度地提高比电容，减小内阻。

（3）以相似的水热法制备介孔碳/$Ni(OH)_2$ 复合电极材料，从其结构与形貌来看，整体仍保持 α-$Ni(OH)_2$ 的多层次结构形貌。通过对其电化学性能的测试可以知，当加入介孔碳的含量（质量分数）为 5%、10%时，复合材料的比电容都高于纯 α-$Ni(OH)_2$ 的。在整个测试范围内，加入介孔碳的含量（质量分数）为 5%时，复合材料在大电流下仍保持较高的比电容，在 20 mA/cm^2 时为 1381 F/g；另外，介孔碳/$Ni(OH)_2$ 复合电极材料的内阻均低于纯 α-$Ni(OH)_2$，这说明介孔碳与 $Ni(OH)_2$ 的复合能够改善 $Ni(OH)_2$ 的电化学性能。

5　$Co(OH)_2$ 薄膜电极材料分析

超级电容器（即电化学电容器）是一种通过法拉第反应产生电化学电容的新型储能器件。RuO_2 贵金属氧化物虽有较高的比容量和良好的导电率，但昂贵的价格却限制了其商业化应用。因此，人们在寻找各种方法减少贵金属的用量，或寻找性能相当而价格低廉的替代材料。近年来，$Co(OH)_2$ 作为一种廉价且优良的超级电容器电极材料，拥有较大的层间结构和较好的电化学氧化还原活性，可通过不同方法制备高活性 $Co(OH)_2$ 电极材料来提高电化学性能，从而引起了科学工作者的广泛关注。但是目前，仅有较少的文献报道 $Co(OH)_2$ 电极材料的电化学行为，因此，进一步研究 $Co(OH)_2$ 电极材料（特别是薄膜材料）的电化学行为具有比较重要的意义。一些最近的研究报道，$Co(OH)_2$ 电极材料的比电容为 200~341 F/g[139-140]。张密林等[92]采用化学沉淀法制备纳米 $Co(OH)_2$ 材料，单电极比电容为 92 F/g。所报道的电容值远低于其理论电容值。在所有的合成 $Co(OH)_2$ 材料的方法中，电化学技术由于具有能够通过改变沉积参数（如电解液、沉积电压、沉积温度、溶剂种类等）[141]，较容易且精确控制薄膜的表面结构形貌及性能。赝电容是一种内表面的反应现象，因此活性材料的电化学性能与其结构和形貌具有很大的关系。纳米结构的电极材料拥有大的比表面积，可以在大电流密度下表现出优异的恒流充/放电行为，具有比传统材料更优良的电化学性能。为进一步提高 $Co(OH)_2$ 电极材料的电化学性能，本实验采用电化学沉积法制备具有纳米花片状多层次结构的 $Co(OH)_2$ 薄膜电极材料，为提高 $Co(OH)_2$ 电极材料的电化学性能提供实验依据和理论支持。

5.1　实验部分

5.1.1　基片处理

本节实验采用泡沫镍或镍片为基底。过程如下：将浓磷酸（H_3PO_3）、硫酸（H_2SO_4）、硝酸（HNO_3）分别按含量（体积分数）60%、20%、20%混合均匀，并将其放入 85 ℃的水浴锅内；待温度与水浴锅温度一致时，将泡沫镍或镍片（镍片在处理前用压片机将其压平整）放入混合酸内，停留 1 min 后取出，用清水清洗；然后用无水乙醇超声清洗 2 h，自然晾干待用。

5.1.2　$Co(OH)_2$ 薄膜的制备

实验所用的药品为分析纯。采用 0.1 mol/L 的 $Co(NO_3)_2 \cdot 6H_2O$ 电解液为测试电解液，溶剂采用纯水或水与无水乙醇的混合物。电化学沉积采用标准三电极法，工作电极为泡沫镍或镍片（面积为 1 cm^2），铂电极为对电极，饱和甘汞电极为参比电极。电化学实验采用 CHI6660C（上海辰华）电化学工作站，沉积条件中的电极电压 U 为-0.7 V（vs. SCE），温度为室温。在所有的沉积实验中，为保证沉积所得 $Co(OH)_2$ 薄膜质量一致，将制备的所有实验 $Co(OH)_2$ 薄膜的沉积通过的电荷量定为1C，其质量可根据法拉第定律来计算。在电化学过程中，电化学沉积 $Co(OH)_2$ 薄膜包括电化学反应和沉积反应，即[142]：

$$NO_3^- + 7H_2O + 8e^- \longrightarrow NH_4^+ + 10OH^- \tag{5-1}$$

$$Co^{2+} + 2OH^- \longrightarrow Co(OH)_2 \tag{5-2}$$

电化学沉积后将得到的 $Co(OH)_2$ 薄膜用清水反复清洗 3 次，然后用吹风机将其吹干待测试时用。为了讨论 $Co(OH)_2$ 薄膜受其他条件的影响，在实验中进行了沉积电压、沉积温度、醇水体积比、不同基片的电沉积。整个实验过程如图 5-1 所示。

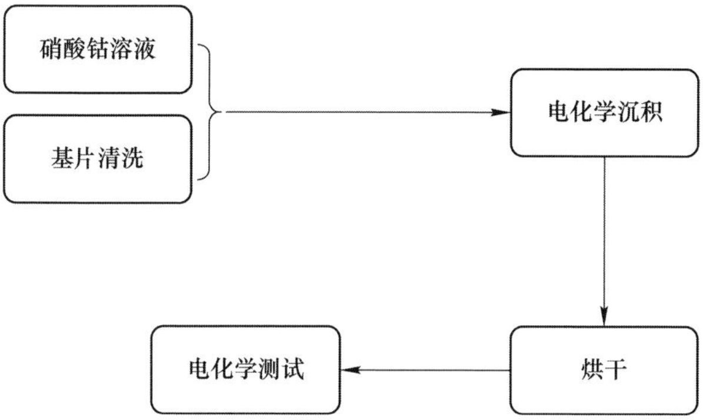

图 5-1　电化学沉积 $Co(OH)_2$ 薄膜流程图

5.2　沉积电压的选择

5.2.1　基片处理后的 FESEM

图 5-2 是酸处理后泡沫镍和镍片的 FESEM。从图 5-2（a）（b）可以看出，泡沫镍具有三维、互相连接的网格状结构，且具有相当多的皱纹在其表面，类似于海面状结构，此种结构能够提供高的孔隙率和高的比表面积，这不仅有利于减

少电解液的分散阻抗，而且能够有利于离子传输，以及保持在快速的电化学反应中较畅通的电子传输路径。同镍片相比，其自身具有较高的初始表面积。从 5-2（c）可以看出，被酸处理过的镍片表面具有粗糙的表面，这有利于其上面生长 $Co(OH)_2$ 薄膜。

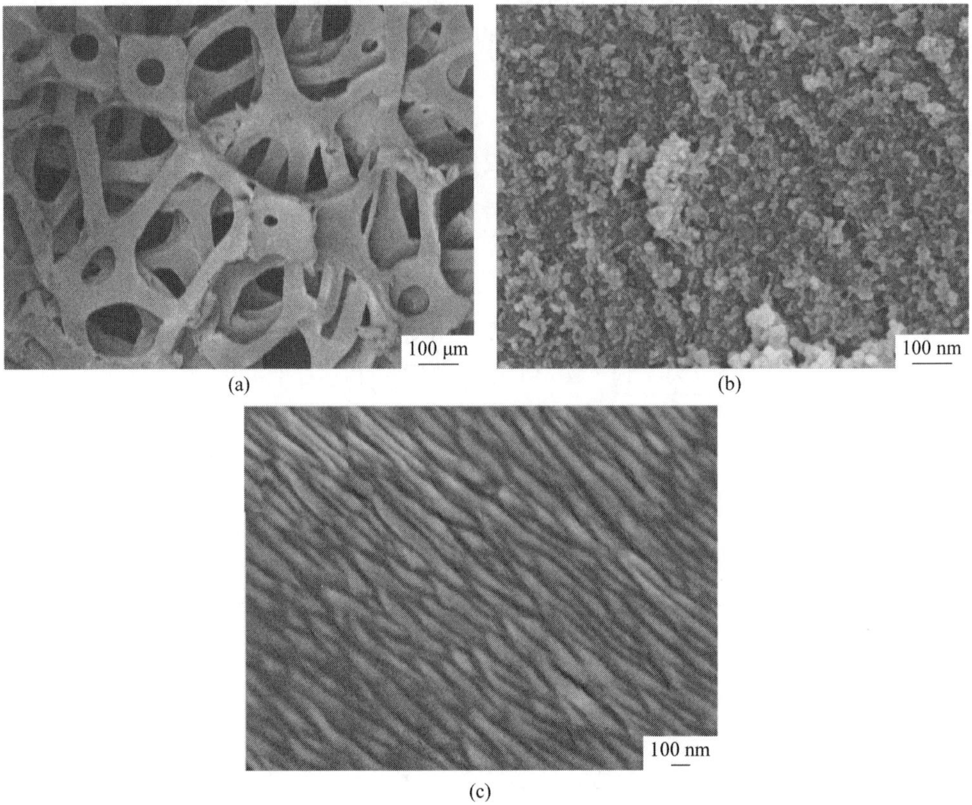

图 5-2　酸处理后泡沫镍和镍片的材料

（a）（b）泡沫镍；（c）镍片

5. 2. 2　$Co(OH)_2$ 薄膜的电化学性能表征

由于沉积电压对薄膜的电化学性能影响可能较大，首先在保持通过电量相同的情况下，对沉积电压进行了考察，在实验中若无特殊说明，均采用泡沫镍作基底进行电化学沉积。图 5-3 是 $Co(OH)_2$ 薄膜的电化学性能曲线。图 5-3（a）是 $Co(OH)_2$ 薄膜在阴极 $-1 \sim -0.65$ V 电压范围内电沉积 t-I 曲线，从图中可以看出，在刚开始沉积时，所有沉积电压下的电流变化非常迅速；随着沉积电压向负方向减小，沉积电流升高很快，而且沉积时间减小非常迅速。从图 5-3（b）可以看出，当沉积电压为-0.65 V时，沉积时间为3497 s，而当电压减小到-1 V时，时间减小至60.7 s。

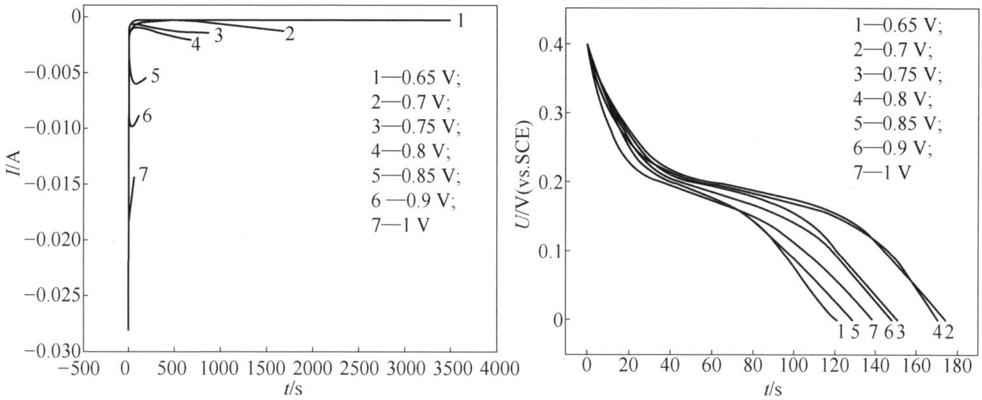

(a) (b)

图5-3 $Co(OH)_2$ 薄膜的电化学性能曲线

（a）不同电压电沉积 *t-I* 曲线；（b）电流密度为4 A/g下的恒流放电曲线

为考察不同沉积电压下所制备的薄膜对电化学性能的影响，对在不同电压下沉积的薄膜在4 A/g的电流密度下进行了恒流充/放电测试。电极的比电容可以根据前面的电极比电容公式进行计算，电极上的活性材料的质量可以根据法拉定律来计算，即：法拉第第一定律研究表明，在电极电沉积过程中，阴极上的还原物质析出的量与所通过的电流强度和通电时间成正比，其计算公式为：

$$M = KQ = KIt \tag{5-3}$$

式中 M——析出金属的质量；

K——比例常数；

Q——通过的电量；

I——电流强度；

t——通电时间。

在本节实验中，假设用电压沉积电流效率为100%时的法拉第定律来计算电沉积物质的质量，根据质量、放电时间和比电容的计算公式，可以计算出在不同电压下的比电容，见表5-1。从表5-1中的比电容值可以很明显地看到，当沉积电压为-0.7 V时的比电容最高，其值可达1740 F/g。其原因一方面可能是由于不同的沉积电压引起的沉积形貌与结构的差别，在-0.7 V电沉积时可能得到 $Co(OH)_2$ 材料的层间距最大，有利于参加电化学反应的 OH^- 顺利进入材料的体相中发生充分的电化学反应，进而提高电化学性能；另一方面，沉积电压也影响到沉积效率，可能较大的沉积电压造成相当低的沉积效率，因此减小了比电容。

根据以上分析可知，沉积电压对 $Co(OH)_2$ 薄膜电极的电化学性能优化起到非常重要的作用。因此，在下面的沉积实验中可选择较优的沉积电压（为-0.7 V）。

表 5-1　不同沉积电压下在 4 A/g 电流密度下的比电容

沉积电压/V	比电容/($F \cdot g^{-1}$)
-0.65	1209
-0.7	1740
-0.75	1510
-0.8	1702
-0.85	1284
-0.9	1491
-1.0	1382

5.3　热处理温度对 $Co(OH)_2$ 薄膜的影响

5.3.1　热处理温度对电化学性能的影响

热处理温度对 $Co(OH)_2$ 薄膜的电化学性能有较大的影响，因此在-0.7 V 下沉积得到的 $Co(OH)_2$ 薄膜分别在 100 ℃、150 ℃、200 ℃、250 ℃下进行热处理 3 h。图 5-4 是 $Co(OH)_2$ 薄膜在-0.7 V 电压沉积下的电化学性能曲线。由图 5-4（a）可以看出，循环伏安曲线形状区别于双电层电容曲线的理想矩形形状，这说明所测试的电容是赝电容，主要基于氧化还原反应机制。在循环伏安曲线中出现一对氧化还原峰 P1 和 P2，其中阳极峰 P1 是 $Co(OH)_2$ 氧化成 CoOOH 的过程，阴极峰 P2 是其逆过程。薄膜电极在扫描电压范围内的主要氧化还原过程可以用化学反应式表示[142]：

$$Co(OH)_2 + OH^- \rightleftharpoons CoOOH + H_2O + e^- \tag{5-4}$$

如图 5-4（a）所示，从循环伏安曲线所围的面积来看，随着热处理温度从 100 ℃升高到 200 ℃时，曲线的面积逐渐增大，但是在热处理温度为 250 ℃时，曲线所围面积减小，这说明比电容随热处理温度的提高，先升高后降低。

从图 5-4（b）也可以看出，放电曲线表现出赝电容行为；另外，从放电时间来看，放电时间随温度的升高（从未热处理样品到热处理温度为 200 ℃）先升高后降低（200~250 ℃），比电容与放电时间规律是一致的，此结果与循环伏安的结果是一致的。根据比电容的计算公式可以计算得到不同热处理温度下的比电容值，见表 5-2。从表 5-2 中可以看出，在未热处理的 $Co(OH)_2$ 薄膜的比电容为 1740 F/g，当温度升高到 200 ℃时的比电容可达 2670 F/g，当温度进一步升高到

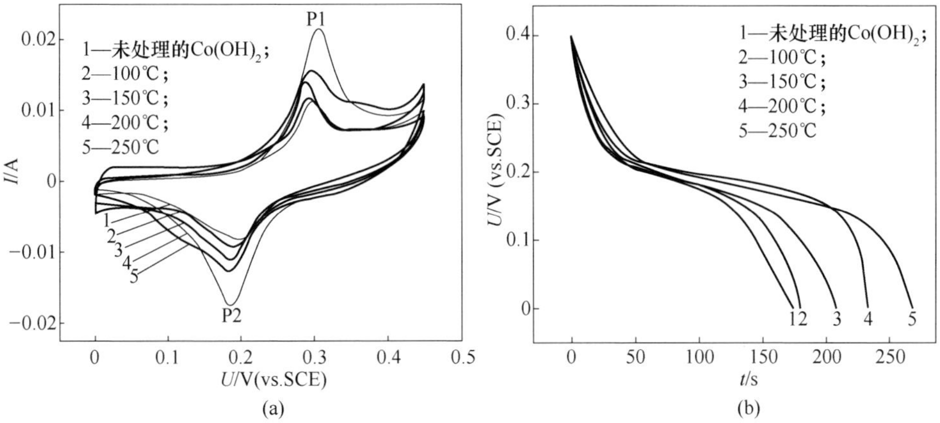

图 5-4 $Co(OH)_2$ 薄膜在-0.7 V 电压沉积下的电化学性能曲线

(a) 扫描速度 5 mV/s 下的循环伏安曲线；(b) 电流密度为 4 A/g 下的恒流放电曲线

250 ℃时的比电容降低到 2330 F/g。这是因为在升高温度的过程中，$Co(OH)_2$ 薄膜中的物理吸附水、化学吸附水和无机物的失去，在 $Co(OH)_2$ 薄膜层间形成空的夹层结构，增加了活性材料与电解液中 OH^- 的接触概率；然而当温度超过 200 ℃时，使得 $Co(OH)_2$ 薄膜的晶粒长大，比表面积减小且粒子的表面活性降低，因此比电容降低。

表 5-2 不同热处理温度下 $Co(OH)_2$ 薄膜的比电容值（电流密度为 4 A/g）

热处理温度/℃	比电容/($F \cdot g^{-1}$)
未处理	1740
100	1790
150	2070
200	2670
250	2330

5.3.2 FESEM 分析

图 5-5 是 $Co(OH)_2$ 薄膜在-0.7 V 下沉积后进行电化学测试前后的 FESEM。从图 5-5（a）（b）可以看出，$Co(OH)_2$ 薄膜的整体结构是由相互交错的纳米片状组成的多层次结构，片与片之间具有多孔结构，纳米片的厚度为 10~20 nm。由图 5-5（c）（d）可以看出，在进行多次电化学测试后，其形貌并未发生改变，这说明电化学测试过程中仍能保持其纳米片的整体形貌。这种多孔的 $Co(OH)_2$ 薄膜所具有的纳米片状形貌，可能具有较大的比表面积和优异的电化学性能。

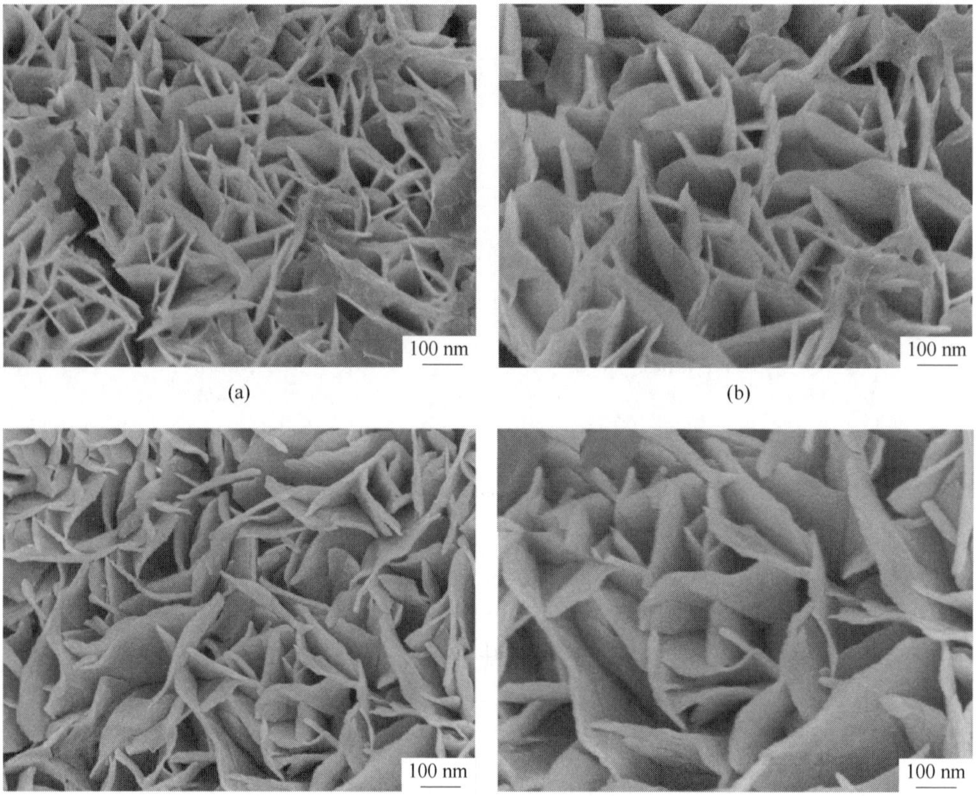

(a)　(b)　(c)　(d)

图 5-5　Co(OH)$_2$ 薄膜在−0.7 V 沉积电化学测试前后的 FESEM

(a) 测试前 (×30000); (b) 测试前 (×50000);
(c) 测试后 (×30000); (d) 测试后 (×50000)

5.3.3　200 ℃热处理的电化学性能表征

图 5-6 是 Co(OH)$_2$ 薄膜在 200 ℃热处理后的电化学性能曲线。从图 5-6 (a) 的循环伏安曲线可以看出，在不同的扫描速度下都明显出现一对氧化还原峰 P1 和 P2，这说明所测试电极的赝电容来源于可逆的氧化还原反应。阳极峰 P1 与阴极峰 P2 是 Co^{2+} 与 Co^{3+} 之间准可逆的相互转化过程。在整个扫描速度下，循环伏安曲线的形状并未发生明显的变化。这主要是因为纳米花片状结构的 Co(OH)$_2$ 薄膜能够提高离子大量的输运，以及材料内部的电子传输。另外，随着扫描速度的增加，其电流增加较快，氧化峰与还原峰电流差增加，这主要是因为较大电流下的电极极化造成的。

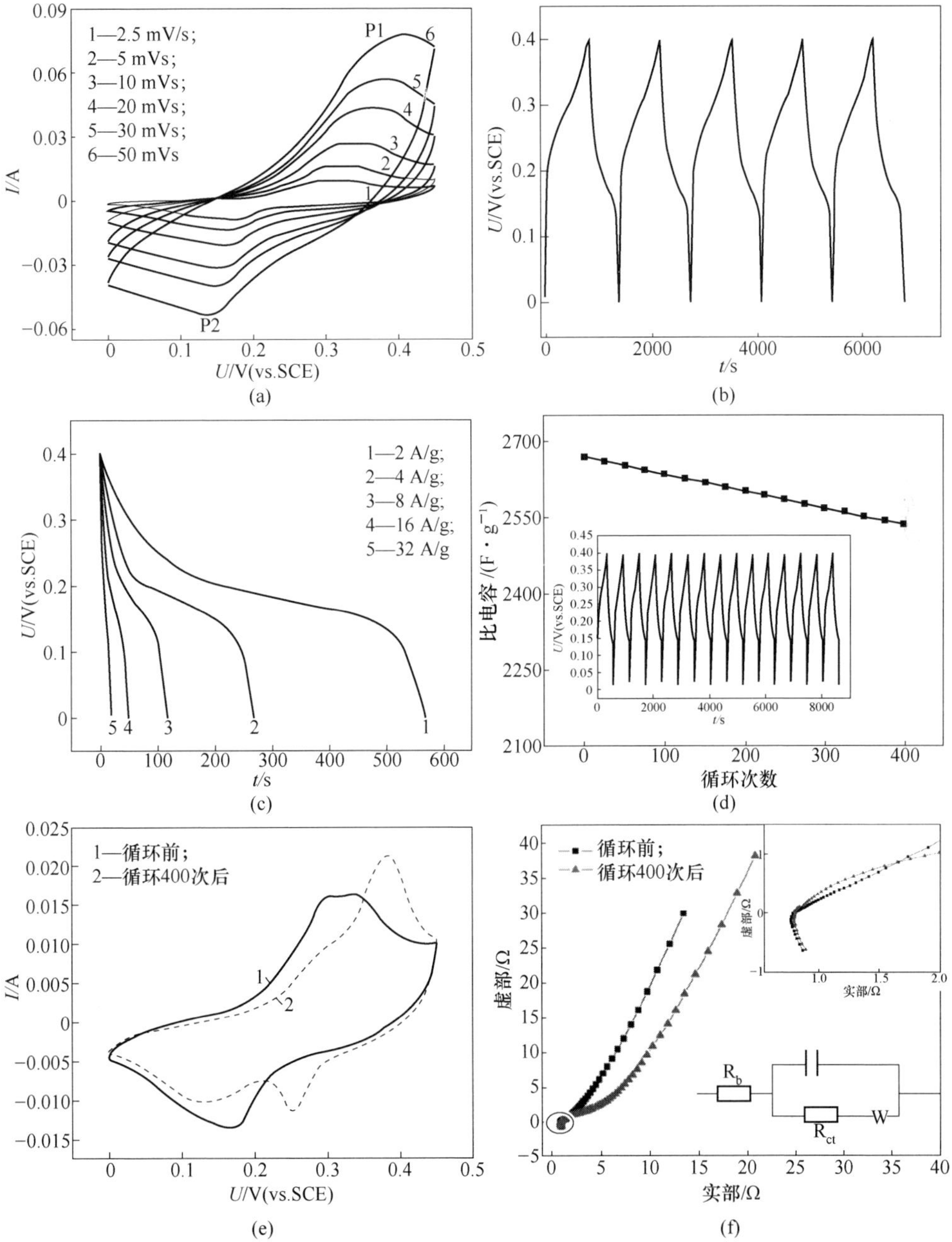

图 5-6 $Co(OH)_2$ 薄膜在 200 ℃热处理后的电化学性能曲线

(a) 循环伏安曲线；(b) 2 A/g 电流密度下 5 次恒流充/放电曲线；

(c) 不同电流密度恒流放电曲线；(d) 400 次循环寿命曲线；

(e) 循环寿命测试前后循环伏安变化曲线；(f) 循环寿命测试前后阻抗变化曲线

图 5-6（b）是 $Co(OH)_2$ 薄膜在 2 A/g 电流密度下的 5 次恒流充/放电曲线，从图中可以看出，5 次恒流充/放电的曲线对称性较好，这说明材料具有良好的充/放电稳定性。

图 5-6（c）是 $Co(OH)_2$ 薄膜在不同电流密度下、电压为 0~0.4 V 的恒流放电曲线。根据比电容的计算公式，可以计算得到在不同的电流密度下的比电容，见表 5-3。从表 5-3 可以看出，在 2 A/g 时的比电容为 2830 F/g，当电流密度增加到 32 A/g 时，比电容仍能保持在 1488 F/g，这说明在整个测试的电流密度范围内，$Co(OH)_2$ 薄膜都具有较高的比电容及能保持大电流下高比电容的特性，这个性能是对于超级电容器电极材料能够得到高功率密度所需要的非常重要的技术参数。

表 5-3　$Co(OH)_2$ 薄膜在 200 ℃热处理后不同电流密度下的比电容值

电流密度/($A \cdot g^{-1}$)	比电容/($F \cdot g^{-1}$)
2	2830
4	2670
8	2320
16	1912
32	1488

图 5-6（d）是 $Co(OH)_2$ 薄膜电极在 4 A/g、2 mol/L KOH 电解液中的 400 次放电比电容，从图中可以看出，在经过 400 次恒流充/放电循环后，比电容值的损失量仅有 4%，这表明在此条件下制备的 $Co(OH)_2$ 薄膜电极具有长循环寿命的电化学稳定性。

图 5-6（e）是在 5 mV/s、400 次恒流充/放电前后的循环伏安曲线对比图，从图中可以看出，测试后的曲线仍保持有一对氧化还原峰，从曲线所围面积来看，400 次循环后的曲线比测试前曲线面积存在略微的减小，这与循环寿命测试结果是一致的，电容的损失主要是因为发生了准可逆的氧化还原反应，使氧化峰与还原峰之间的电压差高于可逆氧化还原反应的电压差 0.058 V。

图 5-6（f）是循环寿命测试前后的阻抗变化曲线，开路电压分别为 0.197 V 和 0.202 V，频率为 10^{-2}~10^{5}Hz，施加的交流信号的振幅为 0.005 V，插图为高频区的放大图和等效电路图。从图 5-6（f）中可以看出，寿命测试前后的内阻分别为 0.867 Ω 和 0.891 Ω，这是因为循环寿命测试使得内阻增加。在低频区的曲线接近于 45°，这说明材料具有较低的分散阻抗，主要是因为材料的纳米片状结构增加了电化学活性。

由以上分析可知，在 200 ℃进行热处理后的 $Co(OH)_2$ 薄膜电极具有良好的电化学性能。

5.4 沉积温度对 $Co(OH)_2$ 薄膜的影响

5.4.1 沉积温度对 $Co(OH)_2$ 薄膜电化学性能影响

图 5-7 是在-0.7 V 不同温度下进行的电化学性能曲线。由图 5-7（a）可以看出，在相同的沉积电荷量条件下，沉积时间随沉积温度的减小增加较快，这主要是因为高温时，有利于电荷及离子的传输，从而提高沉积效率缩短沉积时间。

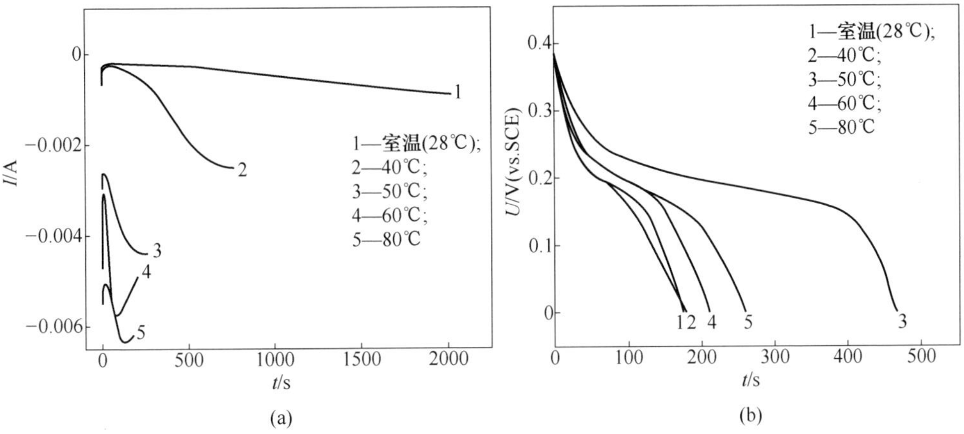

图 5-7 不同温度下的电化学性能曲线

（a）沉积曲线；（b）在 4 A/g 电流密度下的恒流放电曲线

为了阐明沉积温度对 $Co(OH)_2$ 薄膜电容性能的影响，对在不同温度下沉积的 $Co(OH)_2$ 薄膜再进行恒流充/放电测试。从图 5-7（b）中可以看出，温度由室温升高到 50 ℃的过程中，放电时间增加，超过 50 ℃时，放电时间却减小，这说明放电比电容随温度的升高先增加后减小。由比电容的计算公式可以计算出在室温、40 ℃、50 ℃、60 ℃、80 ℃沉积温度下的比电容分别为 1740 F/g、1763 F/g、2780 F/g、2110 F/g、2590 F/g。从此数据可以看出，在 50 ℃下进行电化学沉积得到的 $Co(OH)_2$ 薄膜具有最高的比电容，这可能与在 50 ℃所得到的 $Co(OH)_2$ 薄膜具有较好的表面形貌和孔结构有关，此温度下沉积的 $Co(OH)_2$ 薄膜可能具有更大表面积和更多的孔隙率，能够增加薄膜与 KOH 电解液的接触活性表面积，从而进行有效的电荷储存。这些结果说明可以通过改变沉积温度来提高 $Co(OH)_2$ 薄膜的电化学性能。

从以上分析可知，在 50 ℃下进行电化学沉积是能够得到较好电化学性能的 $Co(OH)_2$ 薄膜。

5.4.2　在 50 ℃电沉积得到 $Co(OH)_2$ 薄膜的电化学性能

图 5-8 是在 50 ℃电沉积得到 $Co(OH)_2$ 薄膜的电化学性能曲线。从图 5-8（a）可以看出，在不同扫描速度下的循环伏安曲线都出现一对氧化还原峰，氧化峰与还原峰是发生 $Co(OH)_2$ 与 CoOOH 之间的准可逆的电化学转化过程。随着扫描速度的增加，其氧化峰向右偏移，还原峰向左偏移，但其形状并未有较大的改变。

从图 5-8（b）可以看出，$Co(OH)_2$ 薄膜具有较好的电化学充/放电稳定性。

由图 5-8（c）可以看出，随着电流密度的增大，放电时间逐渐减小，根据比电容的计算公式，可以计算得到在 4 A/g、8 A/g、16 A/g、32 A/g 的比电容分别为 2780 F/g、2560 F/g、2120 F/g、1936 F/g，这说明在整个电流密度下都具有较高的比电容，其主要是与在 50 ℃电沉积的 $Co(OH)_2$ 薄膜的纳米片状结构有关。

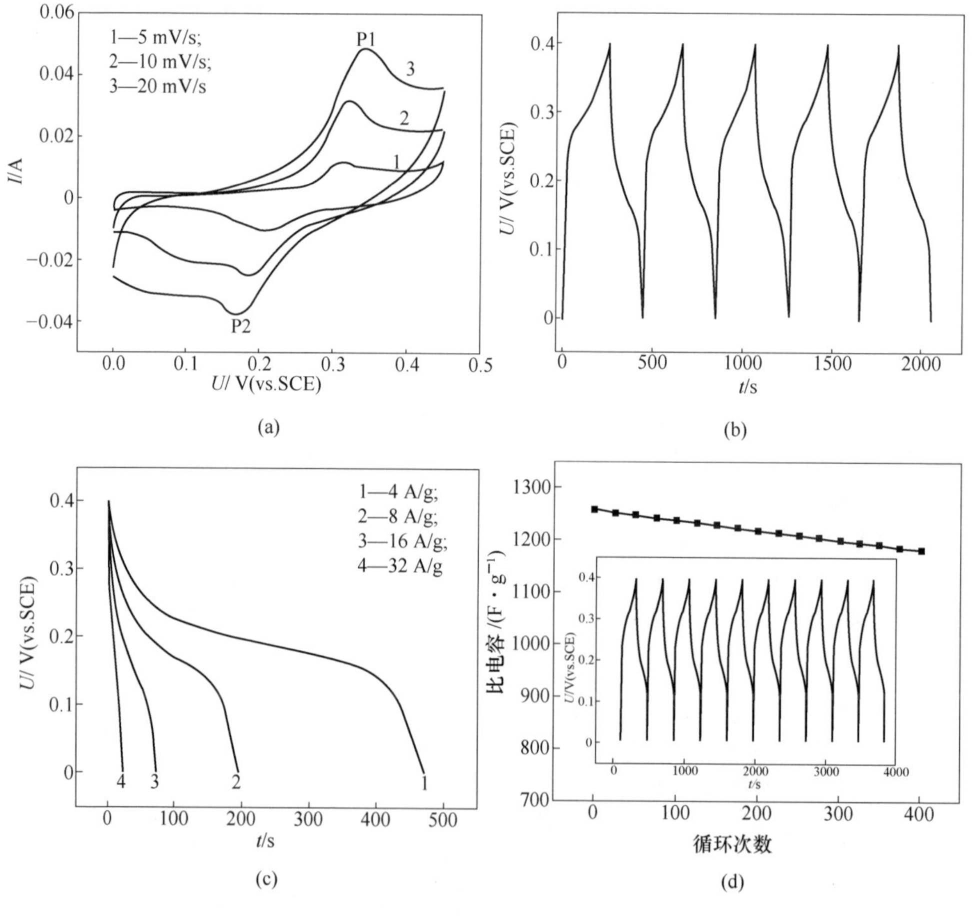

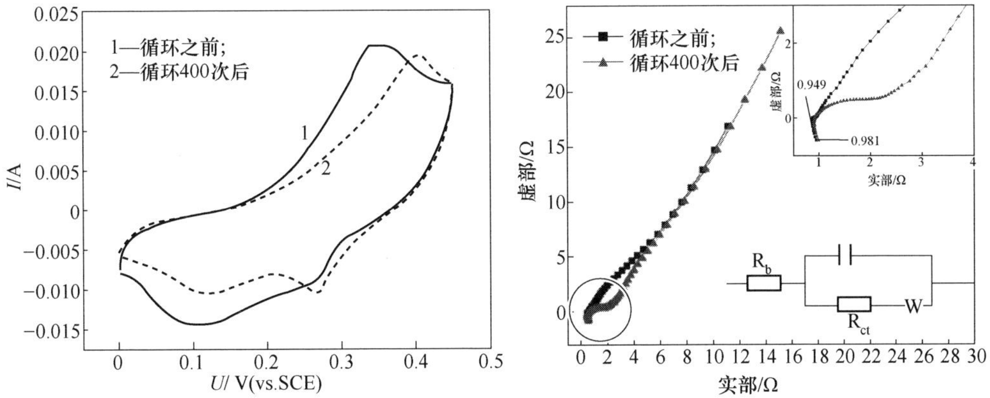

(e) (f)

图 5-8 在 50 ℃电沉积得到 $Co(OH)_2$ 薄膜电化学性能曲线

(a) 循环伏安曲线；(b) 8 A/g 5 次恒流充/放电曲线；

(c) 不同电流密度恒流放电曲线；(d) 8 A/g 400 次循环寿命曲线；

(e) 400 次恒流充/放电前后、5 mV/s 下的循环伏安变化曲线；(f) 循环寿命测试前后阻抗变化曲线

从图 5-8 (d) 中可以看到，在 400 次循环寿命测试后，其比电容只有 6%的损失，这说明在 50 ℃电沉积的 $Co(OH)_2$ 薄膜具有良好的循环稳定性。

从图 5-8 (e) 中可以看出，测试后的曲线仍保持有一对氧化还原峰，400 次循环后的曲线面积比测试前曲线面积减少并不多，这与循环寿命测试结果是一致的，电容的损失主要是因为发生了准可逆的氧化还原反。

图 5-8 (f) 是循环寿命测试前后分别在各自的开路电压下的阻抗变化曲线，频率为 10^{-2} ~ 10^5Hz，施加的交流信号的振幅为 0.005 V，插图为高频区的放大图和等效电路图。从图 5-8 (f) 可以看出，寿命测试前后的内阻分别为 0.949 Ω 和 0.981 Ω，这说明循环寿命测试使得内阻增加。在循环寿命测试前后的低频区曲线都接近于 45°，这说明材料具有较低的分散阻抗。

由以上分析可知，在 50 ℃下电沉积的 $Co(OH)_2$ 薄膜电极具有良好的电化学性能。

5.5 乙醇含量对 $Co(OH)_2$ 薄膜的影响

5.5.1 乙醇含量对 $Co(OH)_2$ 薄膜的电化学性能影响

图 5-9 不同比例乙醇的电化学性能曲线。从图 5-9 (a) 可以看出，随着乙醇含量的增加，在相同沉积质量的情况下，需要的沉积时间增加。这可能与加入乙醇后溶液的表面张力有关。

从图 5-9（b）可以看出，加入乙醇后的放电时间均大于未加入乙醇时的放电时间，且当加入乙醇量为 50%（体积分数）时的放电时间最长，这说明加入乙醇时的放电比容量均大于纯水溶剂时的比容量；且加入量为 50%时的放电时间最长，比容量最大，这可能是因为适量的乙醇能够减小电极与液界的表面的张力，改善沉积物的附着强度。有文献报道[143-144]，电沉积过程中有溶剂和离子进入 $Co(OH)_2$ 薄膜的沉积膜中，嵌入晶体的层间结构中导致晶格层间距增大，增大了充/放电过程中离子的进出自由度，从而提高了 Co^{2+}/Co^{3+} 的可逆性。但是过多的乙醇与水分子缔合，包覆在电极表面，反而阻碍了 $Co(OH)_2$ 的电沉积。通过比电容计算公式可以计算得到当加入乙醇含量（体积分数）为 0、25%、50% 和 75%时，$Co(OH)_2$ 薄膜的放电比电容分别为 1740 F/g、1920 F/g、2000 F/g、1862 F/g。从而可以看出，在加入乙醇后的比电容均大于溶剂为纯水时的比电容。

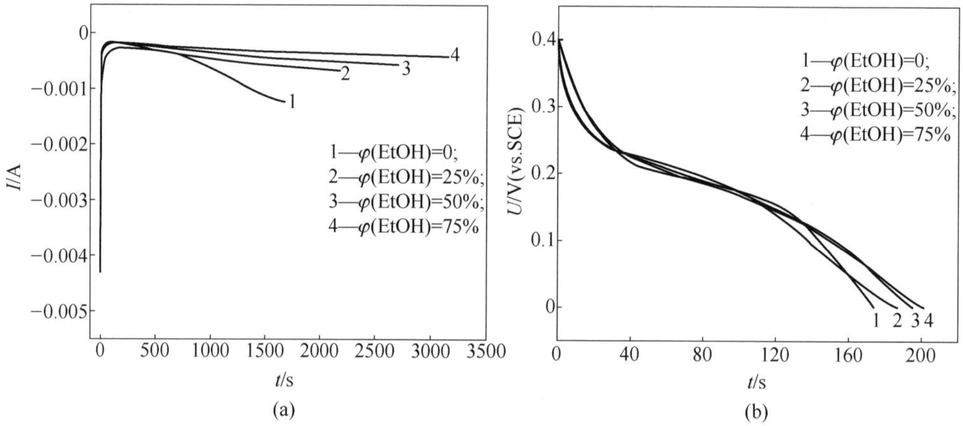

图 5-9　不同比例乙醇的电化学性能曲线

（a）沉积曲线；（b）在 4 A/g 电流密度下的恒流放电曲线

5.5.2　$Co(OH)_2$ 薄膜的 FESEM

图 5-10 是 $Co(OH)_2$ 薄膜在水-乙醇（1∶1）溶剂下沉积 $Co(OH)_2$ 薄膜电化学测试前后的 FESEM，其中电压为−0.7 V。从图 5-10（a）（b）可以看出，整体结构是由相互交错的纳米片状组成的多层次结构，片与片之间具有多孔结构。纳米片的厚度为 10~20 nm。由 5-10（c）（d）可以看出，在进行多次电化学测试后，其形貌仍能保持其纳米片多层次结构的整体形貌，并未发生坍塌现象。这种多孔的 $Co(OH)_2$ 薄膜所具有的纳米片状形貌，具有较大的比表面积，为具有优异的电化学性能奠定了良好的基础。

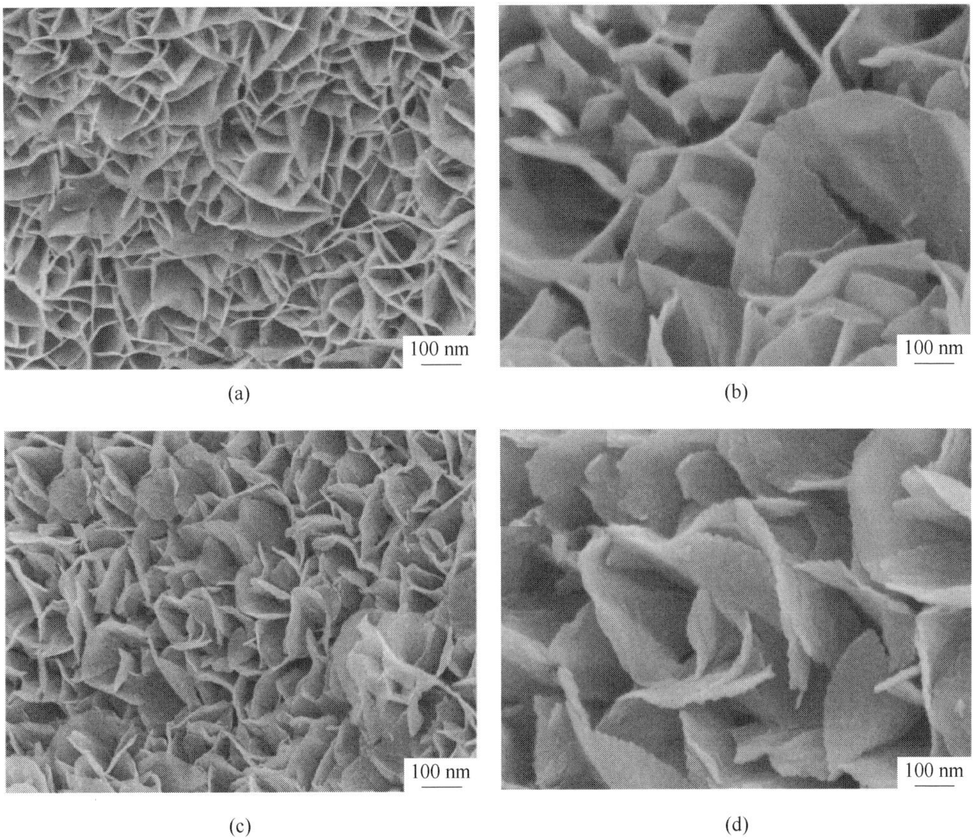

图 5-10　$Co(OH)_2$ 薄膜在乙醇（1∶1）溶剂下沉积 $Co(OH)_2$ 薄膜电化学测试前后的 FESEM（-0.7 V）

（a）（b）测试前；（c）（d）测试后

5.5.3　水-乙醇所制备 $Co(OH)_2$ 薄膜的电化学性能

图 5-11 为水-乙醇［φ(水)∶φ(乙醇)=1∶1］溶剂下沉积 $Co(OH)_2$ 薄膜的电化学性能曲线。从图 5-11（a）可以看出，在分别以 5 mV/s、10 mV/s 和 20 mV/s 中进行循环伏安测试时，都出现一对氧化还原峰 P1 与 P2，这说明在此条件下沉积得到的 $Co(OH)_2$ 薄膜表现出典型的赝电容行为，阳极的氧化峰 P1 是 Co^{2+} 氧化成 Co^{3+} 的过程，还原峰 P2 是其逆过程。在整个扫描速度下其形状保持基本不变，这说明 $Co(OH)_2$ 薄膜具有较好的大电流响应效应。

图 5-11（b）是不同电流密度下的恒流放电曲线，从图中可看出，随电流密

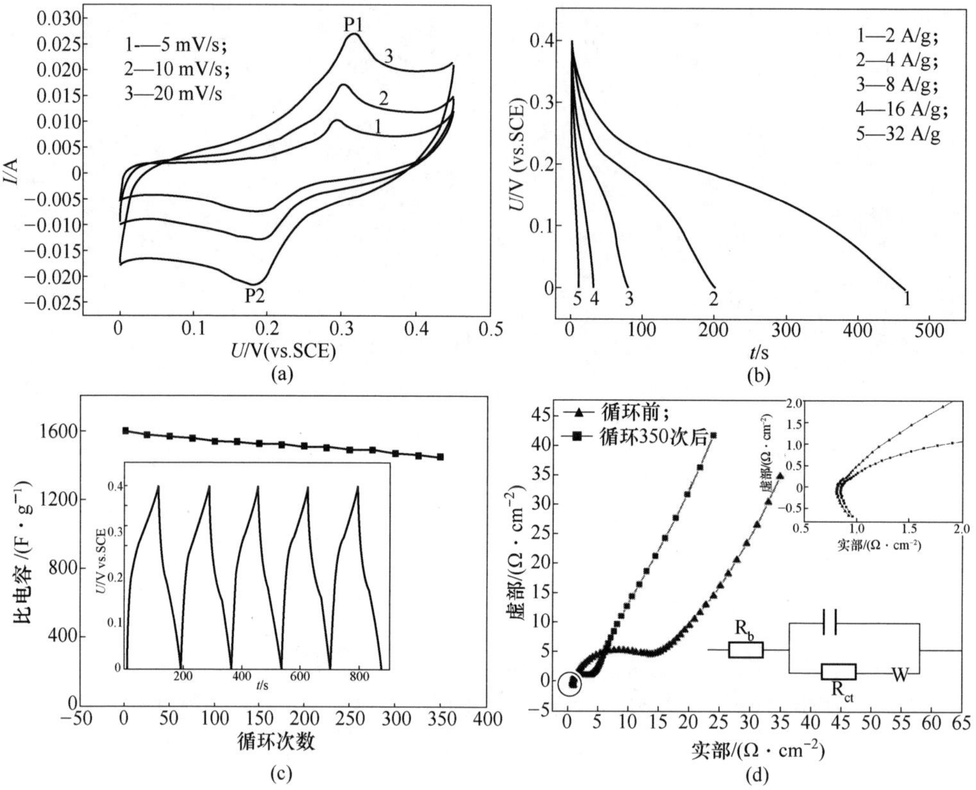

图 5-11　水-乙醇 [φ(水) : φ(乙醇) = 1 : 1]

溶剂下沉积 $Co(OH)_2$ 薄膜的电化学性能曲线

(a) 循环伏安曲线；(b) 恒流放电曲线；

(c) 350 次寿命测试曲线 (8 A/g)；(d) 寿命测试前后阻抗曲线

度的增大，放电时间减小比较快，这由于在较大的电流密度下进行恒流充放电时，需要大量的 OH^- 在电极和电解液内表面发生快速的氧化还原反应。然而较低的 OH^- 不能及时满足这种反应的需要，因此氧化还原反应过程被离子扩散所控制。根据比电容的计算公式可以计算出不同电流密度下的比电容，见表 5-4。从表 5-4 可以看出，随电流密度的增大，比电容值减小，由电流密度为 2 A/g 时的 2369 F/g 减小到 32 A/g 时的 960 F/g。

图 5-11 (c) 是 $Co(OH)_2$ 薄膜在 8 A/g 电流密度下进行 350 次的循环寿命测试，从图中可以看出，经过循环寿命测试后，其比电容损失仅有 9%，这说明在水-乙醇 [φ(水) : φ(乙醇) = 1 : 1] 溶剂下制备的 $Co(OH)_2$ 薄膜具有较好的长期循环稳定性。

表 5-4 水-乙醇[φ(水)∶φ(乙醇)=1∶1]溶剂下沉积得到 $Co(OH)_2$ 薄膜不同电流密度下的比电容值

电流密度/($A\cdot g^{-1}$)	比电容/($F\cdot g^{-1}$)
2	2369
4	2000
8	1600
16	1280
32	960

图 5-11（d）是在测试前后各自的阻抗曲线，其中开路电压分别为 0.03 V 和 0.117 V，频率为 $10^{-2}\sim10^{5}$ Hz，施加的交流信号的振幅为 0.005 V，插图为高频区的放大图和等效电路图。由图 5-11（d）可以看出，寿命测试前后的内阻分别为 0.914 Ω 和 0.950 Ω，这说明循环寿命测试使得内阻增加。在循环寿命测试前后的低频区曲线都接近于 45°，这说明材料具有较低的分散阻抗。

由以上分析可知，在水-乙醇［φ(水)∶φ(乙醇)=1∶1］溶剂下，电沉积的 $Co(OH)_2$ 薄膜电极具有良好的电化学性能。

5.6 不同基底对 $Co(OH)_2$ 薄膜的影响

由上面的实验结果发现，φ(水)∶φ(乙醇)=1∶1 时，有较好的电化学性能，因此在下面的实验中以 φ(水)∶φ(乙醇)=1∶1 为溶剂，在−0.7 V 下进行电化学沉积制备 $Co(OH)_2$ 薄膜。

5.6.1 不同基底 $Co(OH)_2$ 薄膜的差热分析

图 5-12 是不同基底电化学沉积 $Co(OH)_2$ 薄膜差热分析，从图中可以看出，不同基底的 $Co(OH)_2$ 薄膜，在室温至 250 ℃ 均没有明显的吸热峰和放热峰，这说明在此温度范围内并没发生 $Co(OH)_2$ 薄膜的分解；以镍片、泡沫镍为基底的 $Co(OH)_2$ 薄膜，在此温度范围内的失重分别仅为 1.14%和 1.22%，此失重可能是表面吸附水，以及层间吸附水或无机物造成的。当层间水或无机物失去时，将会形成 $Co(OH)_2$ 薄膜的空的夹层结构，此结构有利于电解液中的 OH^- 进入活性材料的内部发生更加完全的电化学反应，为获得高性能的 $Co(OH)_2$ 薄膜奠定了良好的基础。

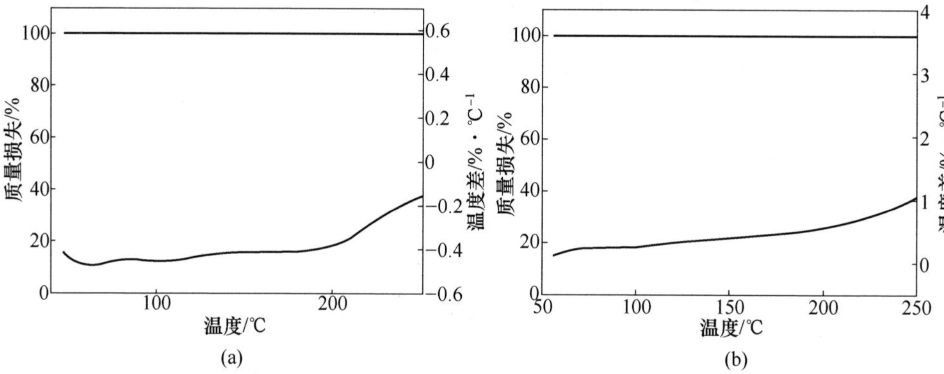

图 5-12　以不同基底电化学沉积 $Co(OH)_2$ 薄膜差的热分析曲线

（a）镍片；（b）泡沫镍

5.6.2　不同基底 $Co(OH)_2$ 薄膜电化学性能对比

图 5-13 是不同基底电沉积制备的 $Co(OH)_2$ 薄膜的电化学性能曲线。从图 5-13（a）曲线 2 可以看出，循环伏安曲线明显与双电层电容有区别，双电层电容的循环伏安曲线接近矩形。这说明所制备的 $Co(OH)_2$ 薄膜主要基于氧化还原反应机制，在其循环伏安曲线上出现一对氧化还原峰 P1 和 P2，阳极峰 P1 是 $Co(OH)_2$ 氧化成 CoOOH 的过程，阴极峰 P2 是其逆过程。与镍片基底的 $Co(OH)_2$ 薄膜的循环伏安的曲线 1 相比，曲线 1 具有电流为 0 时的横轴的对称，且在 0.45 V 快速的电流反应特性，这说明镍片基底沉积的 $Co(OH)_2$ 薄膜具有理想的赝电容行为，这主要是因为以镍片为基底时的低表面积，使得在电极和电解液之间发生了恒速的电化学反应。从循环伏安曲线所围面积来看，曲线 2 远大于曲线 1 的面积，这说明以泡沫镍为基底所制备的 $Co(OH)_2$ 薄膜的比电容远大于以镍片为基底所制备 $Co(OH)_2$ 薄膜。其原因可能是因为沉积在三维结构的泡沫镍基底的 $Co(OH)_2$ 薄膜活性材料广泛地分布在泡沫镍的多孔结构中，使得 $Co(OH)_2$ 薄膜与电解液中的 OH^- 有较多的反应接触面积。也就是说，当用泡沫镍为基底制备 $Co(OH)_2$ 薄膜时，能够提供更大的表面积，从而使 $Co(OH)_2$ 薄膜发生更充分、更完全的反应，为高的比电容和良好的电化学性能奠定了基础。

图 5-13（b）是不同基底在 0~0.4 V 电压范围内 2 A/g 电流密度的恒流充/放电曲线，其形状表现出非纯的双电层电容行为（主要是赝电容），与循环伏安测试的结构一致。根据比电容的计算公式可以计算出在 2 A/g 电流密度下，以镍片和泡沫镍为基底所制备的 $Co(OH)_2$ 薄膜的比电容分别为 255 F/g 和 2369 F/g，可以看出以泡沫镍为基底制备的 $Co(OH)_2$ 薄膜的比电容远高于以镍片为基底所

制备的，其原因主要是泡沫镍能够提供较高的初始基底表面积，从而使 $Co(OH)_2$ 薄膜进入泡沫镍的内部，进而增大薄膜的比表面积。

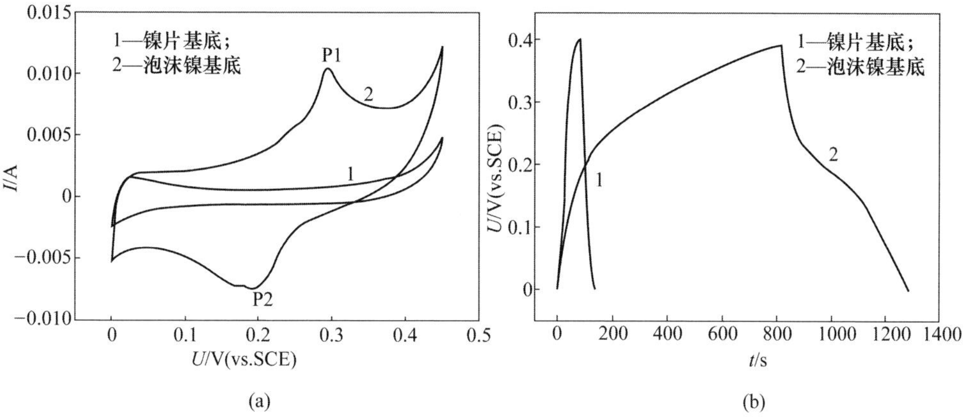

图 5-13 不同基底 $Co(OH)_2$ 薄膜的电化学性能曲线

（a）循环伏安曲线；（b）恒流充/放电曲线

5.6.3 泡沫镍基底 $Co(OH)_2$ 薄膜热处理温度 SEM

在上面的讨论中发现，以泡沫镍为基底在优化电化学性能方面起到了非常重要的作用。因此，下面仅对泡沫镍为基底制备的 $Co(OH)_2$ 薄膜进行讨论。为了考察热处理对在泡沫镍基底上沉积 $Co(OH)_2$ 薄膜的影响，实验中对 $Co(OH)_2$ 薄膜分别进行 100 ℃、150 ℃、200 ℃、250 ℃ 热处理保温 3 h，其 FESEM 图如图 5-14 所示。从图 5-14 可以看出，整体结构是由相互交错的纳米片状组成，片与片之间具有多孔结构，纳米片的厚度为 10~20 nm；在 100~250 ℃进行热处理时，其形貌仍能保持其纳米片状的多层次结构，整体形貌并未发生坍塌现象。

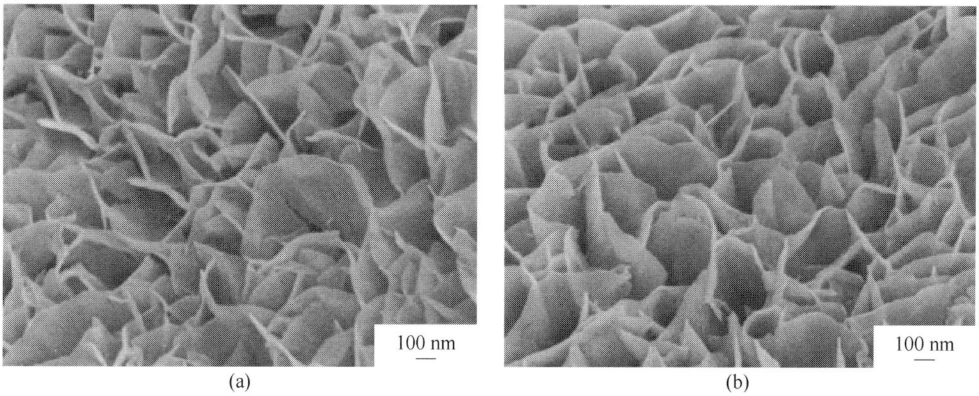

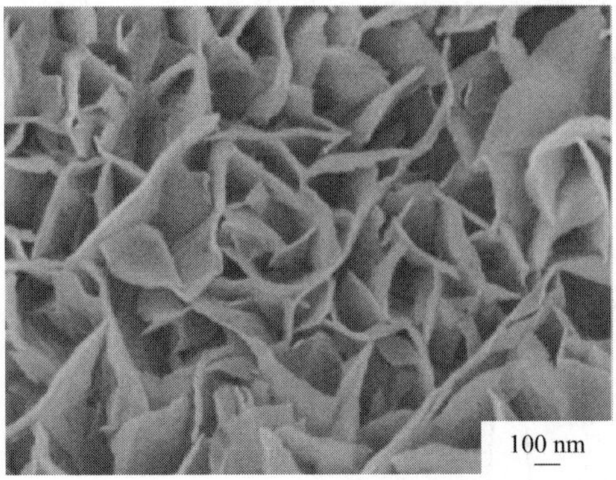

(c)

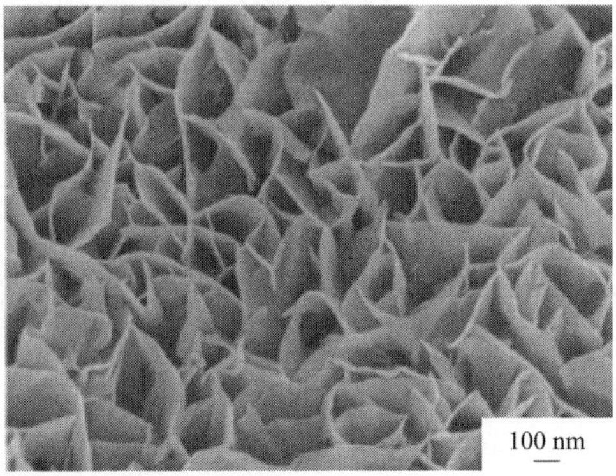

(d)

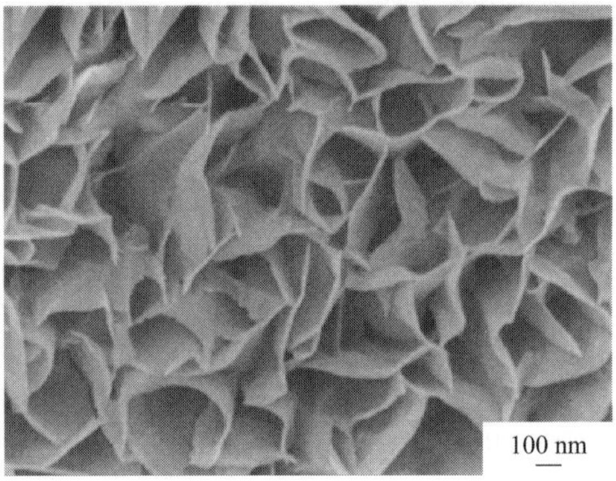

(e)

图 5-14　泡沫镍为基底制备的 $Co(OH)_2$ 薄膜不同热处理温度的 FESEM

(a) 无热处理；(b) 100 ℃；(c) 150 ℃；(d) 200 ℃；(e) 250 ℃

5.6.4　不同温度下热处理 $Co(OH)_2$ 薄膜的放电性能

图 5-15 是在不同温度热处理后得到 $Co(OH)_2$ 薄膜的恒流放电曲线（电流密度为 4 A/g），从图可以看出，经过热处理后的 $Co(OH)_2$ 薄膜的放电比电容有明显区别，根据比电容计算公式和放电曲线可以计算出，未热处理、100 ℃、150 ℃、200 ℃、250 ℃ 下得到 $Co(OH)_2$ 薄膜的比电容分别为 2000 F/g、2610 F/g、1580 F/g、1500 F/g、1330 F/g。从这些数值很明显可以看出，$Co(OH)_2$ 薄膜电极在 100 ℃保温 3 h 的比电容最大，超过这个温度时比电容降低，这可能是因为在低于 100 ℃时是物理吸附水（及无机物）、化学吸附水（及无机物）从薄膜层间失去的过程，失去吸附水（及无机物）后的 $Co(OH)_2$ 薄膜形成空的夹层结构，空的夹层结构有利于电解液中 OH^- 进入 $Co(OH)_2$ 薄膜的内部进行充分的电化学反应，从而提高电化学性能。然而，当温度高于最佳温度

100 ℃时导致比电容降低，这是因为高的温度使得 $Co(OH)_2$ 薄膜的表面活性降低。由以上分析得知，热处理温度对在此条件下制备的 $Co(OH)_2$ 薄膜的电化学性能起着比较重要的作用。

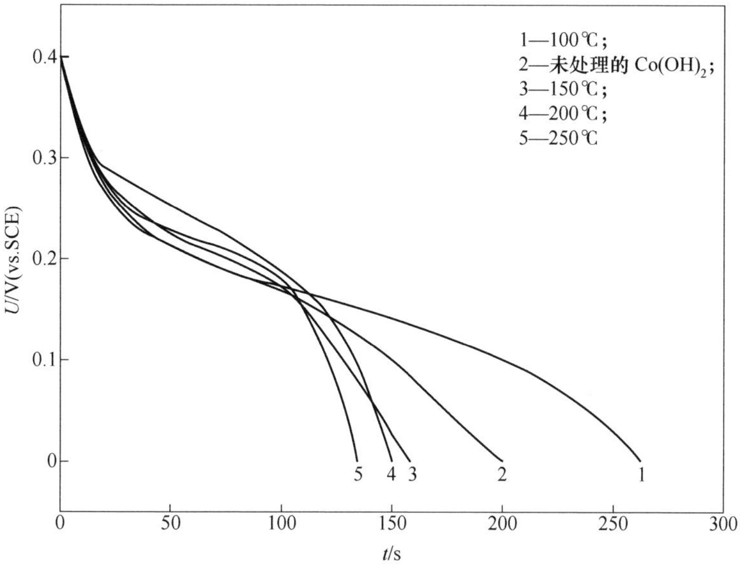

图 5-15 不同温度热处理后得到 $Co(OH)_2$ 薄膜的恒流放电曲线（电流密度为 4 A/g）

5.6.5 100 ℃热处理下 $Co(OH)_2$ 薄膜的电化学性能

由上面的分析结果可知，此实验所制备的 $Co(OH)_2$ 薄膜在 100 ℃下进行热处理能够得到较高的电化学电容性能，因此对在 100 ℃下进行热处理的 $Co(OH)_2$ 薄膜进行了进一步的电化学表征。图 5-16 是在 100 ℃热处理下 $Co(OH)_2$ 薄膜的电化学性能曲线。图 5-16（a）是不同扫描速度下的循环伏安曲线，从图中可以看出，循环伏安曲线的形状并未随扫描速度的增加发生明显的改变，这主要是因为泡沫镍为基底的 $Co(OH)_2$ 薄膜提高了离子传输和电子传导性能。在整个扫描速度下均出现一对氧化还原峰 P1 和 P2，阳极峰 P1 是 $Co(OH)_2$ 氧化成 CoOOH 的过程，阴极峰 P2 是其逆过程。随扫描速度的增加，阳极峰电流向增大方向偏移，阴极峰向减小方向偏移，不可避免的电容降低，这与后面的恒流充/放电结果一致。

图 5-16（b）是 $Co(OH)_2$ 薄膜在 2 A/g 电流密度下的 5 次恒流充/放电曲线，由图可以看出，在整个充/放电时间内，都有较好的对称性，这说明活性材料具有电化学充/放电稳定性。

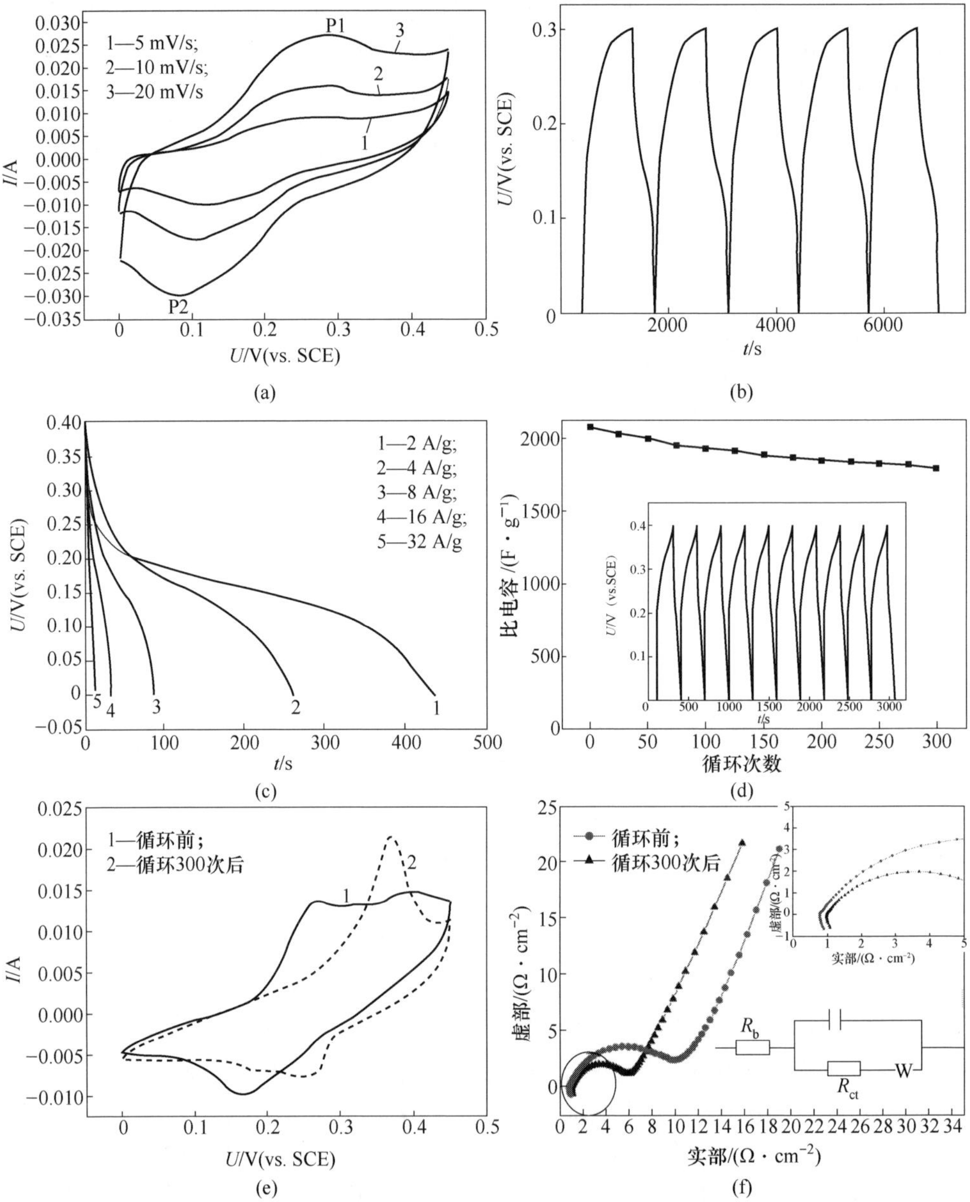

图 5-16　100 ℃热处理下 $Co(OH)_2$ 薄膜的电化学性能曲线

（a）循环伏安曲线；（b）5 次恒流充/放电曲线（2 A/g）；（c）不同电流密度放电曲线（0~0.4 V）；（d）300 次循环寿命测试曲线（8 A/g）；（e）循环寿命测试前后循环伏安曲线（5 mA/s）；（f）循环前后阻抗曲线

图 5-16（c）是不同电流密度下的恒流放电曲线其中电压为 0~0.4 V。由式（1-9）和图 5-16（c）可以计算出不同电流密度下的比电容，见表 5-5。从表 5-5

中的数据可以看出，在整个测试电流密度范围内，即使在高电流密度下同样表现出高的比电容，这对于超级电容器提供高功率密度具有决定性的作用。随着电流密度的增大，比电容减小，这主要是由在充/放电过程中的 OH^- 的扩散过程引起的。当高扫描速度的高电流密度进行充/放电时，电极上会短时间吸附大量的 OH^- 离子，造成电极与电解液界面处的电解液离子浓度急速下降，而电解液中的离子扩散传质速率相对较慢，不能满足电极充电所需的离子数，从而造成电极上由液相扩散引起的极化增大。当形成控制步骤时，即使外加电压不断上升，电极上的电荷增加速率也相对较慢，从而引起电极在大电流下的电容损失。

表 5-5　100 ℃热处理下 $Co(OH)_2$ 薄膜不同电流密度下的比电容值

电流密度/($A \cdot g^{-1}$)	比电容/($F \cdot g^{-1}$)
2	2913
4	2610
8	2080
16	1285
32	1004

图 5-16（d）是在 8 A/g 电流密度下 300 次的循环寿命测试曲线，从图中可以看出，其比电容经过 300 次循环后的比电容损失仅为 13.5%，这说明电极具有长期的循环电化学稳定性。

图 5-16（e）是在 5 mV/s 扫描速度下循环寿命测试前后的循环伏安曲线，从图中可以看出，循环后的循环伏安曲线仍能看到有一对明显的氧化还原峰，其面积只有比测试前略微地减小，说明比电容减少比较小，这与循环寿命测试结果是一致的。其比容量的损失主要是由准可逆的氧化还原反应造成的。

图 5-16（f）是循环寿命测试前后的阻抗曲线，其中频率为 $10^{-2} \sim 10^5$ Hz，施加的交流信号的振幅为 0.005 V，插图为高频区的放大图和等效电路图。由图 5-16（f）可以看到，测试前后的内阻分别是 0.889 Ω 和 1.07 Ω，这说明循环寿命测试使得内阻增加。在循环寿命测试前后的低频区曲线都接近于 45°，这说明材料具有较低的分散阻抗。

由以上分析可知，在 100 ℃下进行热处理得到的 $Co(OH)_2$ 薄膜电极具有良好的电化学性能。

本 章 小 结

（1）在电压为-1～-0.65 V 时进行沉积电压选择，得到纳米片状多层次结构形貌的 $Co(OH)_2$ 薄膜。对所有沉积电压下得到的 $Co(OH)_2$ 薄膜电极进行电化学测试结果表明，在-0.7 V、4 A/g 下得到最大比电容达 1740 F/g。对在-0.7 V 下进行电化学沉积得到的 $Co(OH)_2$ 薄膜进行在 100~250 ℃进行热处理，通过热处理后的电化学测试表明：在 200 ℃进行热处理时，可以得到在 4 A/g 电流密度下的高比电容，其值为 2670 F/g。在测试前后，其形貌仍保持原来的纳米花状结构。对在此温度下进行热处理的 $Co(OH)_2$ 薄膜进行寿命测试可知，在 4 A/g 电流密度下循环 400 次的比电容仅损失 4%，测试前后的内阻变化不大，这说明在-0.7 V 下沉积，并在 200 ℃进行热处理的 $Co(OH)_2$ 薄膜具有优异的电化学性能。

（2）对沉积温度在室温至 80 ℃条件下进行了电化学沉积，对此条件下沉积的 $Co(OH)_2$ 薄膜进行电化学测试表明，在 50 ℃进行电化学沉积可得到的比电容达到 2780 F/g，其在 400 次循环寿命测试的容量损失仅 6%，在 50 ℃进行电化学沉积可以得到高比电容的 $Co(OH)_2$ 薄膜。

（3）以不同比例水-乙醇溶剂体系进行 $Co(OH)_2$ 薄膜的电化学沉积实验，可以发现在水-乙醇体系体积比为 1∶1 时，在 2 A/g 电流密度下能够得到高比电容（为 2369 F/g），在 8 A/g 的电流密度下进行 300 次循环寿命测试的比电容仅损失 9%，这表明水-乙醇体系乙醇的含量对电化学性能有重要的影响。

（4）分别在镍片和泡沫镍基底，水-乙醇（1∶1）进行电化学沉积 $Co(OH)_2$ 薄膜。电化学测试表明，其比电容差别很大，以镍片和泡沫镍基底的 $Co(OH)_2$ 薄膜在 2 A/g 电流密度下的比电容分别为 255 F/g 和 2369 F/g。对以泡沫镍为基底的 $Co(OH)_2$ 薄膜在 100~250 ℃进行热处理，仍能够保持纳米片状多层次结构。在 4 A/g 电流密度下 100 ℃热处理的 $Co(OH)_2$ 薄膜具有高的比电容（为 2610 F/g），在 8 A/g 电流密度下进行 300 次循环寿命测试比容量损失仅 13.5%，这说明以泡沫镍基底进行电化学沉积得到的 $Co(OH)_2$ 薄膜具有高的比电容。

参考文献

[1] Sales B C, Mandrus D, Williams R K. Filled skutterudite antimonides: A new class of thermoelectric materials [J]. Science, 1996, 272 (5266): 1325-1328.

[2] Conway B E. Electrochemical Supercapacitors [M]. New York: Kluwer Academic/Plenum Publishers, 1999.

[3] Conway B E, Birss V, Wojtowicz J. The role and utilization of pseudocapacitance for energy storage by supercapacitors [J]. Journal of Power Sources, 1997, 66 (1/2): 1-14

[4] Pell W G, Conway B E, Adams W A, et al. Electrochemical efficiency in multiple discharge/recharge cycling of supercapacitors in hybrid EV applications [J]. Journal of Power Sources, 1999, 80 (1/2): 134-141.

[5] 南俊民，杨勇，林祖赓．电化学电容器及其研究进展 [J]. 电源技术，1996, 20 (4): 152-156.

[6] Conway B E. Transition from "Supercapacitor" to "Battery" behavior in electrochemical energy storage [J]. Journal of the Electrochemical Society, 1991, 138 (6): 1539-1548.

[7] Sarangepani S, Tilak B V, Chen C P. Materials for electrochemical capacitors theoretical and experimental constraints [J]. Journal of the Electrochemiacal Society, 1996, 143 (11): 3791-3799.

[8] 陈艾，王有钧，陶凤波．离子注入型超大容量固体离子电容器 [J]. 电子学报，1992, 20 (11): 87-91.

[9] Shukla A K, Arico A S, Antonucci V. An appraisal of electric automobile power sources [J]. Renewable and Sustainable Energy Reviews, 2001, 5 (2): 137-155.

[10] Lam L T, Newnham R H, Ozgum H, et al. Advanced design of valve-regulated lead-acid battery for hybrid electric vehicles [J]. Journal of Power Sources, 2000, 88 (1): 92-97.

[11] Schaller K V, Gruber C. Fuel cell drive and high dynamic energy storage systems-opportunities for the future city bus [J]. Fuel Cells Bulletin, 2000, 3 (27): 9-13.

[12] Gutmann G, Hybrid electric vehicles and electrochemical storage systems-a technology push-pull couple [J]. Journal of Power Sources, 1999, 84 (2): 275-279.

[13] Faggioli E, Rena P, Danel V, et al. Surpercapacitors for the energy management of electric vehicles [J]. Journal of Power Sources, 1999, 84 (2): 261-269.

[14] 万恒．清洁环保型存储电能器件 [J]. 世界电子元器件，2000, 5: 27-29.

[15] Bonnefoi L, Simon P, Fauvarque J F, et al. Multielectrode prismatic power prototype carbon/carbon supercapacitors [J]. Journal of Power Sources, 1999, 83 (1/2): 162-169.

[16] Winter M, Brodd J. What are batteries, fuel cells, and supercapaciators? [J]. Chemical Reviews, 2004, 104 (10): 4245-4269.

[17] Burke A. Ultracapacitors: Why, how, and where is the technology [J]. Journal of Power Sources, 2000, 91 (1): 37-50.

[18] 张治安，邓梅根，胡永达，等．电化学电容器的特点及应用 [J]. 电子元件与材料，2003, 22 (11): 1-5.

[19] 朱修锋，王君，景晓燕，等．超级电容器电极材料［J］. 化工新型材料，2002，30（4）：5-8.

[20] Bard A J，Faulkner L R. 电化学方法原理及应用［M］. 北京：化学工业出版社，1986：15-18.

[21] 刘献明．金属氧化物超级电容器电极材料的研究［D］. 乌鲁木齐：新疆大学，2003.

[22] 查全性．电极过程动力学导轮［M］. 北京：科学出版社，2002：22-23.

[23] Hang S. Activated carbons and double layer capacitance［J］. Electrochimica Acta，1996，41（10）：1633-1639.

[24] Bockris J O M，Reddy A K N. Modern Electrochemistry［M］. New York：Plenum Press，1970.

[25] 吴浩青，李永舫．电化学动力学［M］. 北京：高等教育出版社，1998.

[26] Deyung Q U，Shi H. Studies of activated carbons used in double-layer capacitors［J］. Journal of Power Sources，1998，74：99-102.

[27] Ma R Z，Liang J，Wei B Q. Study of electrochemical capacitors utilizing carbon nanotube electrode［J］. Journal of Power Sources，1999，84（1）：126-129.

[28] Kobe K A，Osaka T K，Suita Y I. Double layer capacitor with high capacitance carbonaceous material electrodes. US，5430606［P］1995-07-04.

[29] 胡斌．图表细说电子元器件［M］. 北京：电子工业出版社，2004，5：120.

[30] Mahon P J，Paul G L，Keshishian S M，et al. Measurement and modelling of the high power performance of carbon-based supercapacitors［J］. Journal of Power Sources，2000，91（1）：68-76.

[31] 肖芳．复合金属氧化物材料的电化学电容行为［D］. 乌鲁木齐：新疆大学，2005.

[32] Conway B E，Pell W G. Double-layer and pseudocapacitance types of electrochemical capacitors and their applications to the development of hybrid devices［J］. Journal of Solid State Electrochemistry，2003，7（9）：637-644.

[33] 张丹丹，姚宗干．大容量高储能密度电化学电容器的研究进展［J］. 电子元件与材料，2000，19（1）：34-37.

[34] 景茂祥，沈湘黔，沈裕军，等．超级电容器氧化物电极材料的研究进展［J］. 冶金工程，2003，23（2）：73-76.

[35] Conway B E. Electrochemical Supercapacitors Scientific fundamentals and technological applications［M］. New York：Kluwer Academic/Plenum Publishers，1999.

[36] Bockris J O M. Reddy A K N. Modern Electrochemistry［M］. New York：Plenum Press，1970.

[37] Zheng J P，Jow T R. A new charge storage mechanism for electrochemical capacitors［J］. Journal of the Electrochemical Society，1995，142（1）：L6-L8.

[38] Rudge A，Raistrick I，Gottesfeld S，et al. A study of the electrochemical properties of conducting polymers for application in electrochemical capacitors［J］. Electrochimica Acta，1994，39（2）：273-287.

[39] 邓梅根．电化学电容器电极材料研究［D］. 成都：电子科技大学，2005.

[40] Venkat S. Mathematical modeling of electrochemical capacitor [J]. Journal of the Electrochemical Society, 1999, 146 (5): 273-287.

[41] 刘志祥．超级电容器相关技术的研究［D］．哈尔滨：哈尔滨工程大学，2002.

[42] 王晓峰，解晶莹，孔祥华，等．“超电容”化学电容器研究进展［J］．电源技术，2001，25（2）：166-170.

[43] 王建立，刘文华．碳基电化学电容器及其研究进展［J］．电源技术，2000，24（1）：57-60.

[44] 张治安．基于氧化锰和炭材料的超级电容器研究［D］．成都：电子科技大学，2005.

[45] Faggioli E, Rena P, Danel V, et al. Supercapacitors for the energy management of electric vehicles [J]. Journal of Power Sources, 1999, 84 (2): 261-269.

[46] Weinstock I B. Recent advances in the US Department of energy and energy storage technology research and development programs for hybrid electric and electric vehicles [J]. Journal of Power Sources, 2002, 110 (2): 471-474.

[47] Jung D Y, Kim Y H, Kim S W, et al. Development of ultracapacitor modules for 42-V automotive electrical systems [J]. Journal of Power Sources, 2003, 114 (2): 366-373.

[48] Jarvis L P, Atwater T B, Cygan P J. Fuel cell/electrochemical capacitor hybrid for intermittent high power applications [J]. Journal of Power Sources, 1999, 79 (1): 60-63.

[49] 程夕明，孙逢春．电动汽车能量存储技术概况［J］．电源技术，2001，25（1）：47-52.

[50] 薛洪发．超大容量电容器在内燃机车起动中的应用［J］．内燃机车，2000，319（9）：8，9.

[51] Huggins R A. Supercapacitors and electrochemical pulse sources [J]. Solid State Ionics, 2000, 134 (1/2): 179-195.

[52] 韦文生，梁吉，徐才录，等．碳纳米管超大容量电容器在光伏系统中的应用［J］．太阳能学报，2002，23（2）：223-226.

[53] Chuan U, James A R, Branko N P. Characterization of sol-gel derived cobalt oxide xero-gels as electrochemical capacitors [J]. Journal of the Electrochemiacal Society, 1998, 145 (12): 4097-4103.

[54] Portet C, Taberna P L, Simon P, et al. High power density electrodes for carbon supercapacitor applications [J]. Electrochimica Acta, 2005, 50 (20): 4174-4181.

[55] Niu J J, Pell W G, Conway B E. Requirements for performance characterization of C double-layer supercapacitors: Applications to a high specific-area C-cloth material [J]. Journal of Power Sources, 2006, 156 (2): 725-740.

[56] 方勤，杨邦朝．超级电容器用中孔碳的研究［J］．功能材料，2005，36（12）：1889-1891.

[57] 周鹏伟，李宝华，康飞宇，等．椰壳活性炭基超级电容器的研制与开发［J］．新型碳材料，2006，21（2）：125-131.

[58] Alonso A, Ruiz V, Blanco C, et al. Activated carbon produced from Sasol-Lurgi gasifier pitch and its application as electrodes in supercapacitors [J]. Carbon, 2006, 44 (3): 441-446.

[59] 刘献明，张校刚．CoAl 双氢氧化物作超级电容器的电极材料［J］．电源技术，2003，27

(3)：315-317.

[60] 刘献明，张以刚，张校刚，等 . Ni-Ru 复合氧化物的超电容特性研究 [J]. 物理化学学报，2004，20 (4)：417-420.

[61] 朱修锋，景晓燕，张密林 . 金属氧化物超级电容器及其应用研究进展 [J]. 功能材料与器件学报，2002，8 (3)：325-330.

[62] 唐致远，耿新，王占良，等 . 金属氧化物电化学电容器 [J]. 化学通报，2003，1：33-38.

[63] 梁逵，陈艾，吴孟强，等 . 热处理温度及掺杂对氧化镍电极赝电容特性的影响 [J]. 硅酸盐学报，2002，30 (1)：1-4.

[64] 王晓峰，孔祥华 . 新型氧化镍超级电容器电极材料的研究 [J]. 无机材料学报，2001，16 (5)：815-820.

[65] 李永舫 . 导电聚合物的电化学性质 [J]. 复旦学报 (自然科学版)，2004，43 (4)：468-481.

[66] 李莉香，李峰，英哲，等 . 纳米碳管/聚合物功能复合材料 [J]. 新型碳材料，2003，18 (1)：69-73.

[67] Saliger R, Fischer U, Herta C, et al. High surface area carbon aerogels for supercapacitors [J]. Journal of Non-Crystalline Solids, 1998, 225 (1): 81-85.

[68] Sullivan M G, Kotz R, Hass O. Thick active layers of electrochemically modified glassy carbon [J]. Journal of the Electrochemical Society, 2000, 147 (1): 308-371.

[69] Frackowiak E, Jurewicz K, Ddpanx S, et al. Nanotubular materials for supercapacitors [J]. Journal of Power Sources, 2001, 97, 98: 822-825.

[70] Schmitt C, Probstle H, Fricke J. Carbon cloth-reinforced and activated aerogel films for supercapacitors [J]. Journal of Non-Crystalline Solids, 2001, 285 (1/2/3): 277-282.

[71] Gamby J, Taberna P L, Simon P, et al. Studies and characterications of various activated carbons used for carbon/carbon supercapacitors [J]. Journal of Power Sources, 2001, 101 (1): 109-116.

[72] Pico F, Rojo J M, Sanjuan M L, Anson A, et al. Single-walled carbon nanotubes as electrodes in supercapacirors [J]. Journal of the Electrochemical Society, 2004, 151 (4): A831-A837.

[73] Jiang Q, Qu M Z, Zhou G M, et al. A study of actived carbon nanotubes as electrochemical supercapacitors electrode materials [J]. Materials Letters, 2002, 57 (4): 988-991.

[74] Kim Y J, Masutzawa Y, Ozaki S, et al. PVDC-based carbon material by chemical activation and its application to nonaqueous EDLC [J]. Journal of the Electrochemical Society, 2004, 151 (6): E199-E205.

[75] Wen Y H, Cao G P, Cheng J, et al. Correlation of capacitance with the pore structure for nanoporous glassy carbon electrodes [J]. Journal of the Electrochemical Society, 2005, 152 (9): A1770-A1775.

[76] Kim C. Electrochemical characterization of electrospun activated carbon nanofibers as an electrode in supercapacitors [J]. Journal of Power Sources, 2005, 142 (1/2): 382-388.

[77] Suematsu S, Naoi K. Quinone-introduced oligomeric supramolecule for supercapacitor [J]. Journal of Power Sources, 2001, 97, 98: 816-818.

[78] Kotz R, Carlen M, et al. Principle and application of electrochemical capacitors [J]. Electrochimica Acta, 2000, 54 (15/16): 2483-2498.

[79] Gupta V, Miura N. Electrochemically deposited polyaniline nanowire's network: A high-performance electrode material for redox supercapacitor [J]. Electrochemical and Solid-State Letters, 2005, 8 (12): A630-A632.

[80] Gupta V, Miura N. High performance electrochemical supercapacitor from electrochemically synthesized nanostructured polyaniline [J]. Materials Letters, 2006, 60 (12): 1466-1469.

[81] 陈宏，陈劲松，周海晖．纳米纤维聚苯胺在电化学电容器中的应用 [J]. 物理化学学报，2004，20 (6)：593-597.

[82] 辛凌云，张校刚．界面扩散聚合法制备樟脑磺酸掺杂聚苯胺纳米管或纳米纤维及其电化学电容行为研究 [J]. 高分子学报，2005，(3)：437-441.

[83] 苗小丽，邓正华．电化学超级电容器电极材料的研究进展 [J]. 合成化学，2002，10 (2)：106-109.

[84] Silva L A D, Alves V A, Silva M A P D, et al. Morphological, chemical, and electrochemical properties of Ti/(TiO_2+IrO_2) electrodes [J]. Canadian Journal of Chemistry, 1997, 75 (11): 1483-1493.

[85] Zhang Y, Jia H B, Wang R M, et al. Low-temperature growth and Raman scattering study of vertically aligned ZnO nanowires on Si substrate [J]. Applied Physics Letters, 2003, 82 (22): 4631-4633.

[86] Zheng J P, Jow T R, Electrochemical capacitors using hydrous ruthenium oxide and hydrogen inserted ruthenium oxide [J]. Journal of the Electrochemical Society, 1998, 145 (1): 49-52.

[87] Zheng J P, Crygan P J, Jow T R. Hydrous ruthenium oxide as an electrode material for electrochemical capacitors [J]. Journal of the Electrochemical Society, 1995, 142 (8): 2699-2703.

[88] Yoshio T, Takashi N, Chkawauchi H, et al. Dip-coated Ru-V oxide electrodes for electrochemical capacitors [J]. Journal of the Electrochemical Society, 1977, 144 (8): 2601-2606.

[89] Pang S C, Anderson M A, Chapman T W. Novel electrode material thin-film ultracapacitors: Comparison of sol-gel derived and electrodeposited manganese dioxide [J]. Journal of the Electrochemical Society, 2000, 147 (2): 444-450.

[90] Kalakodimi R P, Norio M. Potentiodynamically deposited nanostructured manganese dioxide as electrode material for electrochemical redox supercapacitors [J]. Journal of Power Sources, 2004, 135 (1/2): 354-360.

[91] Cao L, Xu F, Liang Y Y, Li H. Preparation of the novel nanocomposite $Co(OH)_2$/ultra stable Y zeolite and its application as a supercapacitor with high energy density [J]. Advanced Materials, 2004, 16 (20): 1853.

[92] 张密林，刘志祥．沉淀转化法制备的 $Co(OH)_2$ 的超级电容特性 [J]. 无机材料学报，2002，18 (5)：513-517.

[93] Chuan L, James A, Branko N P. Characterization of sol-gel derived cobalt xrgels as electrochemical capacitor [J]. Journal of the Electrochemical Society, 1998, 145 (12): 4097-4101.

[94] Cao L, Lu M, Li H L. Preparation of mesoporous nanocrystalline Co_3O_4 and its application of porosity to the formation of electrochemical capacitance [J]. Journal of the Electrochemical Society, 2005, 152 (5): A871-A875.

[95] Cao L, Kong L B, Liang Y Y, et al. Preparation of novel nano-composite $Ni(OH)_2$/USY material and its application for electrochemical capacitance storage [J]. Chemical Communications, 2004, 21 (14): 1646-1647.

[96] Kyung W N, Kwang B K, A study of the NiO_x electrode via electrochemical route for supercapacitor applications and their charge storage mechanism [J]. Journal of the Electrochemical Society, 2002, 149 (3): A346-A354.

[97] 闪星，张密林．纳米氧化镍在超大容量电容器中的应用 [J]. 功能材料与器件学报，2002，8 (1)：35-39.

[98] 王晓峰，孔祥华，刘庆国．NiO 超级电容器的研究 [J]. 电子元件与材料，2000，19 (5)：26-28.

[99] Liu K C, Anderson M A. Porous nickel oxide/nickel films for electrochemical capacitors [J]. Journal of the Electrochemical Society, 1996, 143 (1): 129-131.

[100] Yang G W, Xu C L, Li H L. Electrodeposited nickel hydroxide on nickel foam with ultrahigh capacitance [J]. Chemical Communications, 2008, 48: 6537-6539.

[101] 王晓峰，孔祥华．新型氧化镍超级电容器电极材料的研究 [J]. 无机材料学报，2001，16 (5)：815-820.

[102] Ma R Z, Wei B Q, Xu C L, et al. The development of carbon nanotubes/$RuO_2 \cdot H_2O$ electrodes for electrochemical capacitors [J]. Bulletin of the Chemical Society of Japan, 2000, 73 (8): 1813-1816.

[103] Raymundo-pinero E, Khomenko V, Frackowiak E, et al. Performance of manganese oxide/CNTs composites as electrode materials for electrochemical capacitors [J]. Journal of the Electrochemical Society, 2005, 152 (1): A229-A235.

[104] 王晓峰，梁吉，王大志．链珠状氢氧化镍的准电容特性及其在复合型超电容器中的应用 [J]. 无机化学学报，2005，21 (1)：35-42.

[105] Kim I H, Kim J H, Lee Y H, et al. Synthesis and characterization of electrochemically prepared ruthenium oxide on carbon nanotube film substrate for supercapacitor applications [J]. Journal of the Electrochemical Society, 2005, 152 (11): A2170 -A2178.

[106] An K H, Jeon K K, Heo J K, et al. High-capacitance supercapacitor using a nanocomposite electrode of single-walled carbon nanotube and polypyrrole [J]. Journal of the Electrochemical Society, 2002, 149 (8): A1058-A1062.

[107] Zhou Y K, He B L, Zhou W J, et al. Electrochemical capacitance of well-coated single-

walled carbon nanotube with polyaniline composites [J]. Electrochimica Acta, 2004, 49 (2): 257-262.

[108] 赵淑红，吴锋，苏岳，等. 超级电容器碳电极工艺研究 [J]. 通信电源技术，2003, 3: 34-36.

[109] 孙峰. 纳米 MnO_2 的合成及其电化学行为研究 [D]. 广州：华南师范大学，2004.

[110] Conway B E, Pell W G. Power limitations of supercapacitor operation associated with resistance and capacitance distribution in porous electrode devices [J]. Journal of Power Sources, 2002, 105: 169-181.

[111] Pell W G, Conway B E. Voltammetry at a de Levie Brush electrode as a model for electrochemical supercapacitor behaviour [J]. Journal of Electroanaltyical Chemistry, 2001, 500 (1/2): 121-133.

[112] 邓梅根，张治安，胡永达，等. 活化和表面改性对碳纳米管超级电容器性能的影响 [J]. 物理化学学报，2004, 20 (4): 432-435.

[113] 刘永辉. 电化学测试技术 [M]. 北京：北京航空航天大学出版社，1987: 164-233.

[114] Li X L, Liu J F, Li Y D. Low-temperature conversion synthesis of $M(OH)_2$ (M=Ni, Co, Fe) nanoflakes and nanorods [J]. Materials Chemistry and Physics, 2003, 80 (1): 222-227.

[115] 曹林. 新能源材料研究-电化学电容器电极材料制备及性能 [D]. 兰州：兰州大学，2004.

[116] 施尔畏，仲维卓，华素坤，等. 关于负离子配位多面体生长基元模型 [J]. 中国科学 (E 辑), 1998, 28 (1): 37-45.

[117] 姚连增. 晶体生长基础 [M]. 合肥：中国科学技术大学出版社，1995: 378.

[118] 施尔畏，夏长泰，王步国. 水热法制备陶瓷粉体中的聚集生长 [J]. 中国科学 (E 辑), 1997, 27 (2): 126-133.

[119] Nam K W, Kim K B. A study of the preparation of NiO_x electrode via electrochemical route for supercapacitor applications and their charge storage mechanism [J]. Journal of the Electrochemical Society, 2002, 14 (3): A346-A354.

[120] 李荻. 电化学原理-修订版 [M]. 北京：北京航空航天大学出版社，1998.

[121] Lin C. Ritter J A and Branko N. Characterization of Sol-Gel-Derived cobalt oxide xerogels as electrochemical capacitors [J]. Journal of the Electrochemical Society, 1998, 145 (12): 4097-4103.

[122] Zeng H C, Ling Y Y. Synthesis of Co_3O_4 spinel at ambient conditions [J]. Journal of Materials Research, 2000, 15 (6): 1250-1253.

[123] Xu Z P, Zeng H C. Thermal evolution of cobalt hydroxides: A comparative study of their various structural phases [J]. Journal of Materials Chemistry, 1998, 8 (11): 2499-2506.

[124] Bekiranov S, Bruinsma R, Pincus P. Solution behavior of polyethylene oxide in water as a function of temperature and pressure [J]. Physical Review E, 1997, 55 (1): 577-585.

[125] Bae Y C, Shim J J, Soane D S, et al. Representation of vapor-liquid and liquid-liquid equilibria for linary systems containing polymers: Applicability of an extended flory-huggins

equation [J]. Fluid Phase Equilibria, 1993, 47 (7): 1193-1206.

[126] Zhou X F, Chen S Y, Zhang D Y, Microsphere organization of nanorods directed by PEG linear polymer [J]. Langmuir, 2006, 22 (4): 1383-1387.

[127] Zhou X F, Zhang D Y, Zhu Y. Mechanistic investigations of PEG-directed assembly of one-dimensional ZnO nanostructures [J]. Journal of Physical Chemistry B, 2006, 110 (51): 25734-25739.

[128] Kulichenko S A, Doroschuk V O, Gonta N A. Phase separation in non-ionic surfactant Triton X-100 solutions in the presence of phenol [J]. Chemical Papers, 2010, 64 (1): 91-97.

[129] Watanabe K, Koseki M, Kumagai N, et al. Effect of cobalt addition to nikel hydroxide as a positive material for rechargeable alkaline batteries [J]. Journal of Power Sources, 1996, 58 (1): 23-28.

[130] 刘元刚，唐致远，徐强，等．混合颗粒尺寸 $Ni(OH)_2$ 正极的制备及其充放电性能 [J]. 中国有色金属学报，2005，15 (9)：1426-1430.

[131] Jayashree R S, Vishnu K P. Nickel hydroxide electrodepositon from nickel nitrate solutions: Mechanistic studies [J]. Journal of Power Sources, 2001, 93 (1/2): 273-278.

[132] Oliva P, Leonatede J, Laurent J F, et al. Review of the structure and the electrochemistry of nickel hydroxides and oxyhydroxides [J]. Journal of Power Sources, 1982, 8 (2): 229-255.

[133] Armstrong R D, Sood A K, Moore M. Studies on the lithium and potassium uptake of nikel hydroxide electrode [J]. Journal of Applied Electrochemistry, 1985, 5 (34): 603-607.

[134] 杨长春，陈鹏磊．电池用 $Ni(OH)_2$ 及其电化学行为研究现状 [J]. 电源技术，1999，23 (1)：37-42.

[135] 余丹梅．纳米氢氧化镍电极材料的研究 [D]. 重庆：重庆大学，2004.

[136] Lang J W, Kong L B, Wu W J, et al. A facile approach to the preparation of loose-packed $Ni(OH)_2$ nanoflake materials for electrochemical capacitors [J]. Journal of Solid State Electrochemistry, 2009, 13: 333-340.

[137] Zhu H, Wang X L, Wang Z G, et al. Self-Assembled Microflowery $In(OH)_3$ Architecture and Its Conversion to In_2O_3 [J]. Journal of Physical Chemistry C, 2008, 112: 15285-15292.

[138] Liu X M, Zhang X G, Fu S Y. Preparation of urchinlike NiO nanostructures ans their electrochemical capacitive behaviors [J]. Material Research Bulletin, 2006, 41: 620-627.

[139] Xing W, Li F, Yan Z F, et al. Synthesis and electrochemical properties of mesoporous nickel oxide [J]. Journal of Power Sources, 2004, 134 (2): 324-330.

[140] Banerjee S, Santhanam A, Dhathathreyan A, et al. Synthesis of order hexagonal mesostructure nickel oxide [J]. Langmuir, 2003, 19 (13): 5522-5526.

[141] Phillip A N, Joanne M E, George S A, et al. Mesoporous nickel/nickel oxide-a nanoarchitechtured electrode [J] . Chemistry of Materials, 2002, 14 (2): 524-529.

[142] Zhou W J, Xu M W, Zhao D D, et al. Electrodepositon and characterization of ordered mesoporous cobalt hydroxide films on different substrates for supercapacitors [J]. Microporous

and Mesoporous Materials, 2009, 117: 55-60.

[143] Karthryn P T, John N. Mass transfer and kinetic phenomena at the nickel hydroxide electrode [J]. Journal of the Electrochemical Society, 1998, 145 (11): 3860-3874.

[144] Christopher C S, Sathya M, John W W. The effect of temperature and ethanol on the deposition of nickel hydroxide Films [J]. Journal of the Electrochemical Society, 1995, 142 (12): 4051-4056.